# 火电站燃煤智能决策与管理

Intelligent Decision and Management of Coal in Power Plant

马增辉　著

中国海洋大学出版社
·青岛·

**图书在版编目(CIP)数据**

火电站燃煤智能决策与管理 / 马增辉著. — 青岛：
中国海洋大学出版社，2023.2
ISBN 978-7-5670-3452-5

Ⅰ．①火…　Ⅱ．①马…　Ⅲ．①燃煤发电厂－智
能决策　Ⅳ．①TM621

中国国家版本馆 CIP 数据核字(2023)第 040676 号

HUODIANZHAN RANMEI ZHINENG JUECE YU GUANLI

**火电站燃煤智能决策与管理**

| | |
|---|---|
| **出版发行** | 中国海洋大学出版社 |
| **社　　址** | 青岛市香港东路 23 号　　邮政编码　266071 |
| **网　　址** | http://pub.ouc.edu.cn |
| **出 版 人** | 刘文菁 |
| **责任编辑** | 赵孟欣 |
| **电　　话** | 0532－85901092 |
| **电子信箱** | 2627654282@qq.com |
| **印　　制** | 青岛国彩印刷股份有限公司 |
| **版　　次** | 2023 年 2 月第 1 版 |
| **印　　次** | 2023 年 2 月第 1 次印刷 |
| **成品尺寸** | 170 mm×230 mm |
| **印　　张** | 6 |
| **字　　数** | 100 千 |
| **印　　数** | 1～500 |
| **定　　价** | 49.00 元 |
| **订购电话** | 0532－82032573(传真) |

发现印装质量问题,请致电 0532－58700166,由印刷厂负责调换。

# 序

随着我国现代化建设事业的发展和人民生活水平的提高,对清洁(绿色)能源的需求也越来越高。但是长期以来我国的能源消费和生产主要来源于化石燃料,例如,火电机组主要是通过燃烧煤炭和石油等化石能源来发电。而大量使用煤炭和石油会导致二氧化碳以及其他一些对人体有害的气体产生,严重污染自然环境,破坏生态平衡,特别是形成的温室效应导致气候变暖,极端灾害天气变得愈加频繁。为了避免出现人类难以承受的气候灾难,碳达峰、碳中和被提上了日程。

能源系统的低碳转型是我国实现碳达峰、碳中和目标的关键环节。低碳转型过程将引发能源系统新一轮全局性、系统性的变革。能源革命将是一个漫长、艰难的过程。由于资源禀赋、技术条件限制和电力安全等问题,未来一段时间内火电燃煤机组仍将保留一定规模。为了确保电网稳定运行、深度调峰和高峰保供,电力行业碳达峰、碳中和发展路径,尤其是火力发电行业转型发展路径,是我们必须共同面临和思考的问题,也是众多学者共同关注和研究的热点。进一步降低燃煤电站煤耗、提高发电效率、提升机组灵活性、满足调度升负荷速率,大幅减少碳等污染物排放,提高机组低负荷发电能力,实现发电过程智慧化是燃煤电站保持竞争力的有效手段和必由之路。其中,燃料管理的智能化是智慧发电的基础环节,包括节能降耗、节能减排、优化存储、配煤燃烧等。

《火电站燃煤智能决策与管理》一书在燃煤智能化发电方面做了不少探索性的研究工作,内容深入、具体,具有一定的工程意义和实用价值,可供电力行业的工程技术人员参考。

天行健,君子以自强不息。非常高兴接受邀请为该书作序,也借此鼓励作者继续努力,取得更大的进步。

2022 年 10 月 26 日

# 前　言

实现碳中和是全球应对气候变化、减少二氧化碳等温室气体排放的最根本的举措。我国于2020年9月提出了"3060碳中和目标",即为了推动以二氧化碳为主的温室气体减排,我国政府提出,二氧化碳排放力争2030年前达到峰值,力争2060年前实现碳中和。截至2020年底,全球共有44个国家和经济体正式宣布了碳中和目标,包括已经实现目标、已写入政策文件、提出或完成立法程序的国家和地区。全球已形成碳中和共识,减碳趋势不可阻挡。

二氧化碳的最大来源是化石能源的燃烧。在我国,约一半的煤炭用于燃烧发电,2018年我国火电(约90%是煤电)的二氧化碳排放量占全国总排放量的43%,是二氧化碳排放的最大单一来源。因此,碳达峰、碳中和目标将引发新一轮的能源革命,倒逼我国能源结构转型。这给传统的燃煤电站带来了巨大的挑战,燃煤电站不仅要提质增效、节能减排,而且要与可再生能源形成优势互补,满足电网深度灵活调峰的需要。为此,燃煤电站在碳达峰、碳中和背景下,必须走出一条绿色、低碳的发展路径。随着互联网、物联网、大数据和云计算等科学技术的出现,智能发电技术是提升燃煤电厂在发电领域竞争力的重要手段。刘吉臻院士也提出,智能发电是第四次工业革命大背景下发电技术的转型革命。在燃煤智能发电的关键技术当中,燃煤智能化管理与决策是其基础环节。智慧电站的核心是智能发电技术与信息融合技术,建设高度智能化的智慧型燃煤电站是未来适应我国

1

能源转型的必然趋势。

本书在燃煤智能化管理方面做了一些探索,针对电厂燃煤管理系统的运行特点,提出了一种电站燃煤分类分仓储存的智能决策系统和一种适合电厂运行的在线优化配煤模型。采用两两比较法权衡热值、挥发分、硫分、灰分和单价等指标的权重;采用灰色综合聚类分析法依据上述指标对燃煤进行分类;采用专家系统实现燃煤的分仓储存,为下一步优化配煤技术的实现奠定了基础。采用神经网技术对混煤的煤质参数进行预测,用改进的遗传算法对配煤方案进行求解。仿真实验证明,神经网络技术解决了加权平均法预测精度不高的问题,用遗传算法得到了符合生产实际的配煤问题的最优方案。实际案例证明,本书提出的方法能够满足现场运行的要求,有一定的理论意义和工程实用价值。

欢迎从事热工控制、智慧能源建设的工程技术人员,以及从事自动化、能源动力工程、智能科学与技术等领域教学、研究的同人参考、阅读,并恳请交流、指正。

借本书出版的机会,向华北电力大学控制与计算机工程学院罗毅教授表示衷心的感谢。本书得到了海南热带海洋学院科研项目(RHDRC202004)的资助以及海南热带海洋学院崖州创新研究院的支持。

由于作者水平有限,错误和不妥之处在所难免,恳请广大读者批评指正。

马增辉

2022 年 7 月 6 日

# 目录

4

# 第一章
# 绪　论

## 1.1 背景及意义

### 1.1.1 碳达峰、碳中和目标与燃煤电厂低碳发展路径

近一个世纪以来,工业的发展和人类活动规模与强度的空前增大,带来了全球平均气温的显著快速上升。2022 年 3 月 21 日,联合国秘书长古特雷斯表示,全球气温较工业化前水平已上升 1.2 ℃。气温的普遍升高只是气候变化的一个方面,更严重的是由此产生的极端天气:热浪、洪水等"急性"自然灾害将日益频繁,干旱等"慢性"自然灾害也不断加剧;海洋水温上升加速水分蒸发,导致风速加大和风暴加重;冰川融化,海平面显著上升,许多岛国和各国大片沿海地区面临被淹没的威胁。而这些气候变化的直接推手就是温室气体的排放。大气中有多种具有温室效应的气体(二氧化碳是其中最主要的一类),它们能吸收并重新放出大气中的红外辐射,使地球表面变得越来越暖,从而导致一系列气候变化。人类活动是温室气体浓度飙升的根本原因,主要源于发展过程中对化石能源和自然资源的过度开发使用。人类社会的发展历程也是对能源的开发利用史,从最早的钻木取火,到化石能源的开发利用,到电力改变用能方式,再到非化石能源的开发,几次能源革命带来了社会生产力的巨大进步,但也伴随着巨大的代价。尤其是工业革命后,随着化石燃料(煤炭、石油和天然气)的大规模开发使用,二氧化碳排放量显著增加。过去 150 多年里,人类活动让大气中的二氧化碳浓度相对于工业革命

之前的水平提高了 47%，这比自然环境下两万年时间能增加的浓度还多。这样的极速变化也使得物种和生态系统的适应时间大大缩短。

二氧化碳等温室气体排放引起的全球气候变化已经成为全人类需要共同面对的重大挑战之一。科学界和各国政府对气候变化问题正在形成更加明确的共识，即气候变化会给全球带来灾难性的后果，世界各国应该行动起来减排温室气体以减缓气候变化，到 21 世纪中叶实现碳中和是全球应对气候变化的最根本的举措。根据政府间气候变化专门委员会（IPCC）提供的定义，碳中和，也称为净零二氧化碳排放，是指在特定时期内全球人为二氧化碳排放量与二氧化碳消除量（如通过自然碳汇、碳捕获与封存、地球工程等方式消除）相等。二氧化碳是造成气候变化的温室气体之一，而其他温室气体（如甲烷）也能以二氧化碳当量的形式体现，因此广义的碳中和涵盖包括二氧化碳在内的各种温室气体。

全球已形成碳中和共识，减碳趋势不可阻挡。2020 年 9 月 22 日，国家主席习近平首次在第七十五届联合国大会一般性辩论会宣布：中国将提高国家自主贡献力度，采取更加有力的政策和措施，二氧化碳排放力争于 2030 年前达到峰值，努力争取 2060 年前实现碳中和。至 2021 年 4 月 22 日的领导人气候峰会，习近平主席至少在 9 次国际会议、国内 3 次会议与视察福建讲话先后阐述了碳达峰与碳中和的目标、意义、政策、措施、行动等内容，受到国内外的广泛关注。

截至 2020 年底，全球共有 44 个国家和经济体正式宣布了碳中和目标，包括已经实现目标、已写入政策文件、提出或完成立法程序的国家和地区。其中，英国 2019 年 6 月 27 日新修订的《气候变化法案》生效，成为第一个通过立法形式明确 2050 年实现温室气体净零排放的发达国家。美国特朗普政府退出了《巴黎协定》，但新任总统拜登在上任第一天就签署行政令让美国重返《巴黎协定》，并计划设定 2050 年之前实现碳中和的目标。

根据 PBL 挪威环评机构的数据，2018 年全球温室气体排放量约为 556 亿 t 二氧化碳当量，增速为 2%，碳排放量前五的国家排放了全体 62% 的温室气体，依次为中国（26%）、美国（13%）、欧盟 27 国家（8%）、印度（7%）和俄罗斯（5%）。分部门来看，能源活动是全球温室气体的主要排放源。根据世界资源研究所（WRI）

数据,2017 年能源活动排放量占全球温室气体总排放量的 73%,农业活动排放占 11.76%,土地利用变化和林业排放占 6.38%,工业生产过程排放占 5.68%,废弃物处理排放占 3.18%。在能源排放活动中,发电和供热行业排放占全球温室气体排放比重最高,占 30.40%;交通运输排放占全球碳排放的 16.18%,其中道路交通是主要来源;制造业排放占全球总排放的 12.38%;建筑业排放占全球总排放的 5.58%,如图 1-1 所示[1]。

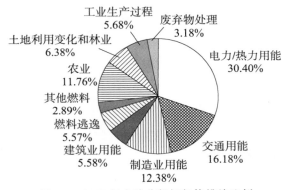

图 1-1　2017 年全球分部门气体排放比例

根据世界资源研究所(WRI)数据,分部门而言,2017 年中国发电和供热行业所产生的温室气体排放占全国总排放的 41.6%,制造业和建筑业占 23.2%,工业生产过程产生的温室气体排放占 9.7%,此外,交通运输和农业部门的碳排放占比分别是 7.5% 和 6.1%(图 1-2)。和全球对比,我国在建筑、交通和农业部门碳排放占比明显偏低,而工业部门占比较高,能源发电领域仍然是温室气体排放的大户。

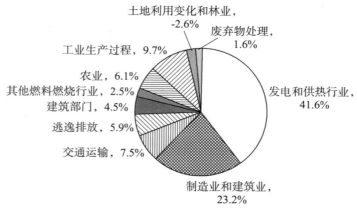

图 1-2  我国分部门温室气体排放比例

$CO_2$ 排放的最大来源是化石能源的燃烧。据《世界能源统计年鉴 2020》,中国煤炭、石油、天然气消费量分别占世界总量 51.7%、14.5%、7.8%,可见中国控制 $CO_2$ 排放,首当其冲的是要控制煤炭消费。我国能源领域二氧化碳排放来源如图 1-3 所示。能源生产与转换环节占能源活动碳排放比重为 47%,煤炭终端燃烧排放占比 35%,减排任务艰巨[2-4]。

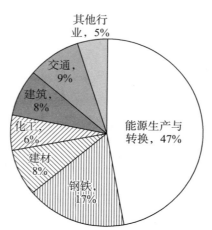

图 1-3  我国能源领域二氧化碳排放比例

根据联合国政府间气候变化专门委员会(Inter-govermental Panel on Climate Change,IPCC)的定义,碳达峰(peak $CO_2$ emis-sions)是指某个地区或行业年度 $CO_2$ 排放量达到历史最高值,然后进入持续下降的过程,是 $CO_2$ 排放量由增转降的历史拐点。碳达峰的定义包括达峰年份和峰值。碳中和是指由人类活动造成的 $CO_2$ 排放量，与 $CO_2$ 去除技术（如植树造林）应用实现的吸收量达到平衡。要达成碳中和一般有以下途径。

（1）控制或减少碳排放

能源行业一直是碳排放量占比最大的行业。想要实现碳中和的目标，能源行业作为产生碳的源头，必将做出重大改革。例如：调整能源结构，限制化石能源，发展风、光等清洁能源等。工业、建筑和运输等行业作为能源使用方则更重视技术革新，例如：绿色制造业，新能源汽车，电气化等等。

（2）促进和增加碳吸收

技术固碳和生态固碳是目前碳吸收的两种方式。技术固碳主要应用碳捕集、利用与封存技术（CCUS）。而生态固碳主要靠森林、绿地等植被的光合作用进行固碳。

（3）绿色金融体系支持碳中和

碳交易系统和碳税等，它们都是以碳排放量作为交易货币而衍生出来的体系，对各行业的自发降碳行为有一定的促进作用。

碳交易付钱给其他国家或地区以换取二氧化碳排放权，可以在减排目标不变的情况下节省成本，但此做法并未真正达成减少二氧化碳总排放量的目的。

事实上，不论是何种电源形式，只要发电都要排放 $CO_2$。电力行业只要发电就会排放 $CO_2$，只是各种形式的电源其排放强度不同罢了。根据联合国政府间气候变化专门委员会发布的数据显示，煤电的 $CO_2$ 平均排放强度最高，油电、天然气发电次之，光伏、光热、生物质、核电、风电的排放强度大幅减少，仅为煤电的二十分之一不到，潮汐和水电最低。具体数据见表 1-1[5]。

表 1-1　全球各种电源的平均 $CO_2$ 排放强度　　　　单位：$g/(kW \cdot h)$

| 电源名称 | 排放强度 |
|---|---|
| 煤电 | 1 001 |
| 油电 | 840 |
| 天然气发电 | 469 |
| 光伏 | 48 |

| 电源名称 | 排放强度 |
|---|---|
| 地热 | 45 |
| 光热 | 22 |
| 生物质 | 18 |
| 核电 | 16 |
| 风电 | 12 |
| 潮汐 | 8 |
| 水电 | 4 |

对于化石能源发电，即使是加装碳捕集工程（Carbon Capture and Storage，CCS 或 Carbon Cap-ture，Utilization and Storage，CCUS），由于脱除效率所限，也是排放 $CO_2$ 的。因此，电力行业自身实现碳中和是不可能的，只能是在保障电力供应的同时，电力行业尽可能减少 $CO_2$ 排放。所有国家碳中和时电力行业都应有一定额度的 $CO_2$ 排放，所以电力行业碳中和不是 $CO_2$ 零排放。

发达国家碳达峰是经济社会发展的自然过程，碳达峰时经济发展已度过工业化阶段，进入了后工业化阶段或信息化阶段，经济发展已不依赖能源消费的增长，电力长期处于相对稳定的状态。因此，其碳中和主要是在保持现有电力供应的基础上，尽可能减少 $CO_2$ 排放。

而我国目前尚未完成工业化，GDP 的增长仍依赖能源消费的增长，因此，我国电力行业的碳中和不仅要减少 $CO_2$ 排放，而且要满足电力需求的持续增长。据解振华等人的研究预测，我国全社会用电量将从 2020 年的 7.5 亿 kW·h 增长到 2050 年的 11.91 亿～14.27 亿 kW·h[6]，增长率为 58.8%～90.3%。可见，我国电力行业碳中和的难度要远高于任何发达国家。另外，据《中国矿产资源报告2019》的数据测算，我国已查明的化石能源储量中煤炭、石油、天然气分别占99%、0.4%、0.6%[7]，因此，欧美国家普遍采用的用天然气、页岩气等替代燃煤发电，在我国是行不通的。我国的煤电企业应该因地制宜，走出一条有自己特色的绿色低碳发展路径。

第一,碳中和时期火电机组要保留一定的规模,发挥基础保障作用。碳中和目标将倒逼中国的能源结构转型,而能源结构转型需要大力发展可再生能源,逐步降低和摆脱对化石燃料、燃煤电厂的依赖。但可再生能源不可控因素较多,至少现在还不能作为保供电源。煤电仍然是保供电源的主力军。例如,2020 年 12 月到 2021 年 1 月,自湖南省通知有序用电之后,浙江、江西、陕西等多地都发出了限电的通知,全国多地拉闸限电。2021 年 1 月 7 日,11.89 亿 kW 的用电负荷高峰出现在晚上,光伏发电没有出力。刚好 1 月 7 日全国大面积没有什么风,风力发电的装机出力 10% 左右,全国 5.3 亿 kW 风电和光伏的总装机,有 5 亿 kW 没有出上力。冬季又是枯水期,我国 3.7 亿 kW 水电的装机容量在用电高峰时超过 2 亿 kW 没有出上力。还有,冬季是天然气的用气高峰,中国 1 亿 kW 左右的天然气发电机组,有一半左右也没有出上力。加上发电机组停机检修、区域布局等问题,造成冬季缺电就显而易见了[5]。另外,燃煤电厂还需要承担起电网深度调峰的重任,也是确保电网安全稳定的重要保障。因此,为了确保电网运行稳定、电力供应稳定,实现燃煤机组与新能源优势互补,发挥好燃煤机组的基础保障作用,碳中和时期保留一定的规模的煤电机组是有必要的。

第二,提升燃煤机组的智能化水平,节能降耗,降低单位煤电发电量的碳排放水平。

在实现碳中和过程中,国家应出台政策首先淘汰关停效率低、煤耗高、役龄长的落后老小机组。首先,对于小于 30 万 kW 的机组,应逐一分析这些机组的实际情况,该淘汰的坚决淘汰;其次,应该对占煤电容量 30% 的近 1 000 台亚临界机组进行升级改造。将亚临界机组的效率和煤耗提升到超超临界的水平,以大幅度地降低其煤耗,同时大力改善其低负荷调节的灵活性,以大大提高其消纳风电和光伏发电量的能力,尤其是亚临界机组均是汽包锅炉,具有良好的水动力学的稳定性,因而更加适应电网的负荷调节。徐州华润电厂于 2019 年 7 月完成了对 32 万 kW 亚临界燃煤机组的改造,额定负荷下的供电煤耗从改造前的 318 g/(kW・h) 降低到 282 g/(kW・h),每度电降低标准煤耗 36 g,按年利用时间 4 500 h 计,相当于每年节约标煤 5.2 万 t,减少 $CO_2$ 排放约 14 万 t。改造后机组不但具有稳定

的 $20\%\sim100\%$ 范围内的调峰调频性能,而且在 $19.39\%$ 的低负荷下仍然实现了超低排放,达到了大幅降低煤耗、显著提高灵活性的目标[5]。

第三,掺烧非煤燃料,进一步降低煤电碳排放。

煤与生物质、污泥、生活垃圾等耦合混合燃烧是煤电的又一低碳发展的方向。煤与生物质耦合混烧发电主要的突出优点是:利用固体生物质燃料部分或全部代替煤炭,显著降低原有燃煤电厂的 $CO_2$ 排放量;利用已有的燃煤发电机组设备,只对燃料制备系统和锅炉燃烧设备进行必要的改造,可以大大降低生物质发电的投资成本。

燃煤电厂掺烧生物质燃料,在国内外均有成熟经验。掺烧污水处理厂污泥,在国内也有不少电厂投运,如广东深圳某电厂 300 MW 燃煤机组、江苏常熟某电厂 600 MW 燃煤机组、江苏常州某电厂 600 MW 燃煤机组。掺烧生活垃圾的主要是循环流化床锅炉的燃煤电厂,也有先将垃圾气化再掺入煤粉炉燃烧的电厂[5]。

第四,提升智能化水平,建设适应新一轮能源改革转型的智慧型燃煤发电站。

燃煤机组必须适应新一轮能源改革转型的需要,努力提升机组深度灵活调峰的能力,积极探索和推广低碳新技术,做到"超低碳"排放。其中,主要的技术路线如下。首先,加强技术改造,提升机组的能效水平,降低煤耗,例如,二次再热技术、烟气余热深度利用技术、空压机余热利用技术、采用先进节能技术对电机、锅炉、变压器等主要设备进行改造等等;其次,建设高参数、大容量的超超临界发电机组,例如研发超超临界机组系统深度耦合技术,实现机炉一体的设计优化,完善热力学性能和调峰性能,进一步提高系统效率,再如研发、建设 700 ℃ 等级二次再热超超临界燃煤发电机组,进一步提高机组能效,降低碳排放量,该机组相比于传统机组更容易实现碳补集,也具有更好的调峰能力;第三,积极研发燃煤发电机组适用的节能低碳技术,如碳捕集、封存和二次利用技术等;第四,加强燃煤机组与可再生能源的耦合互补,提升燃煤发电机组的深度、灵活调峰能力,是燃煤机组义不容辞的重任。未来我国能源结构将向多元结构方向发展,需要互相发挥优势、协调互补。对燃煤发电机组的灵活调峰能力要求将越来越高,煤电要充分发挥基础保障作用,承担系统调节功能,提升电力系统应急备用和调峰能力。

以上种种技术目标的实现,都需要建立在发电过程高度信息化、数字化、自动化的基础之上,因此建设高度智能化的智慧型燃煤电站是未来适应我国能源转型的必然趋势。

### 1.1.2 电力工业市场化改革要求发电企业降低运行成本

为了消除体制性的弊端,建立健全适应社会主义市场经济体制的新型电力工业管理体制,进一步推动电力工业实现可持续性的更快、更好发展,在经过深入周密的调查研究的基础上,国务院于 2002 年颁发了国发〔2002〕5 号文件,以"厂网分开,竞价上网"为主要内容,"以打破垄断,以引入竞争,降低成本,实现资源优化配置"为重要目标的电力体制市场化改革开始进入实施阶段[8]。

电力体制的改革使得成本问题成了发电企业所需要考虑的核心问题,而煤耗是发电厂的主要成本,因此,如何节煤降耗、提高经济效益也就成了各企业面临的首要任务。燃煤管理系统需要解决的是如何管理煤、使用煤,以适应电力市场改革,满足现代化管理需求的问题。然而,燃煤管理系统恰恰是人们长期忽视的一个环节。在老的体制下,当前大部分电厂的燃煤管理系统还没有达到管理的水平,仅仅作为燃煤输送系统来使用,由此需要我们对现有的燃煤管理工具进行重新思考与定位,如何合理地储煤、科学地配煤是我们面临解决的新课题。

### 1.1.3 国民经济可持续发展战略对发电企业节约能源的要求

自然资源的相对匮乏和工业化带来的环境污染,将严重制约我国经济发展目标的实现和子孙后代的长远利益。以往那种粗放式的增长方式已经难以为继,必须坚定不移地贯彻可持续发展战略,毫不动摇地走新兴工业化道路。

我国是以煤炭为主要能源的国家,煤炭的生产量与消费量均占世界首位。全国每年用于直接燃烧的动力煤约占煤炭总消费量的 80%,其中,发电约占 32%。由于燃煤来源渠道多、煤种杂、质量不稳定,煤炭热能利用率低是我国煤炭燃用过程中存在的主要问题,煤的热能利用率在电厂为 33%～34%(国际先进为 40%以上),造成了燃煤的大量浪费。因此,通过优化和改进火电厂燃煤管理系统,最大限度地节约煤炭资源的消耗,从而使可持续发展战略真正落到实处,使我国有限的资源得以长久永续利用,保证资源安全,以最小的资源和环境代价实现国民经济的持续快速发展,具有重要的社会意义[9]。

### 1.1.4 为了实现环境、资源、发展的和谐统一,要求发电企业降低污染

燃煤污染物排放严重,对环境的污染很大。煤炭燃烧时产生 $SO_2$、$NO_x$、烟尘及其他有害物质。以我国为例,2002 年,工业烟尘和 $SO_2$ 的排放量分别为804 万 t 和 1 526 万 t,占当年全国总排放量的 79% 和 81%。燃煤污染物排放是我国大气污染的主要来源。要改变这一现状,发展以提高煤炭利用率和减少环境污染为宗旨的洁净煤技术是切实有效的现实选择。

洁净煤技术是指在煤炭加工和利用的过程中旨在减少环境污染和提高利用率的由加工、燃烧、转化和污染控制等新技术组成的技术体系。我国煤炭消耗量大,洗选率低,能源利用率低,单位能耗产生的污染大,这些都决定了开发和应用洁净煤技术的必要性和紧迫性。我国政府已经把发展洁净煤技术作为一项重大的战略性措施列入《中国 21 世纪议程》[10]。

为了不断降低燃煤发电企业的污染,政府持续出台了一系列推进政策。2011年 7 月,《火电厂大气污染物排放标准》(GB 13223-2011)首次全面规定了燃气轮机组的排放限值(烟尘,5 mg/m³;$SO_2$,35 mg/m³;$NO_x$,50 mg/m³),为燃煤电厂烟气的深度治理提供了标杆;2014 年 9 月,《煤电节能减排升级与改造行动计划(2014—2020 年)》要求东部地区 11 省市新建燃煤发电机组大气污染物排放浓度基本达到燃气轮机组排放限值,即在基准氧含量 6% 条件下,烟尘、$SO_2$、$NO_x$ 排放质量浓度分别不高于 10 g/m³、35 g/m³、50 mg/m³,中部地区新建机组原则上接近或达到燃气轮机组排放限值,鼓励西部地区新建机组接近或达到燃气轮机组排放限值;2015 年 3 月的政府工作报告,明确要求全面实施燃煤电厂超低排放和节能改造;2015 年 12 月,《全面实施燃煤电厂超低排放和节能改造工作方案》将全面实施燃煤电厂超低排放和节能改造上升为一项重要的国家专项行动;2016年 11 月,《电力发展"十三五"规划》指出 300 MW 级以上具备条件的燃煤机组全部实现超低排放;2018 年 8 月,《2018 年各省(区、市)煤电超低排放和节能改造目标任务的通知》要求继续加大力度推进煤电超低排放和节能改造工作,各地方和

相关企业积极响应,努力取得成效[11]。

新的燃煤管理系统应该依据洁净煤技术提高效率、减少污染的原则,科学储煤、优化配煤,从而使煤炭成为洁净、高效、可靠的能源。

### 1.1.5 生产稳定性和锅炉运行安全性对电厂燃煤管理系统提出新的要求

燃煤锅炉是根据特定煤种来进行设计的,各项保证值(锅炉出力、蒸汽参数、热效率等主要经济指标,炉膛运行可靠性,有害物排放生态指标等)只有燃用与设计煤种特性相符的煤种时,锅炉燃烧才能达到最佳效果。煤种不同,锅炉的炉型、结构、燃烧器及燃烧系统的运行方式也不同。然而,电厂锅炉在实际运行中,燃煤特性往往超出了原设计煤种范围,这是我国供电煤耗高、锅炉热效率低、环境污染严重的主要原因。

随着经济的发展,全国有大批的火电机组上马,每天需要消耗大量的煤炭,单一矿井的煤炭产量很难满足它们的要求,2008 年和 2021 年前后都出现了电力用煤供应紧张的局面。再加上我国煤炭市场的放开,目前,电厂来煤渠道多、煤种复杂、质量不稳定。

电厂燃烧非设计煤种,对锅炉的安全性和经济性影响很大:锅炉出力下降;锅炉热损失增加,效率降低;燃烧不稳定,甚至熄火,燃尽程度差;锅炉炉膛结渣、腐蚀、积灰,影响锅炉运行的安全。长此以往,锅炉设备的故障增加,寿命减少。因此,也需要对电厂已有的燃煤进行合理搭配燃烧。

# 1.2 燃煤智慧电厂的架构及特征

智能发电是利用现代信息技术实现对发电过程的智能化监控、操作和管理。智能发电技术是提升燃煤电厂在发电领域竞争力的重要手段。中国工程院院士、华北电力大学原校长刘吉臻对智能发电的概念做出了比较权威的定义[12,13]:智能发电是发电过程以自动化、数字化、信息化为基础,综合应用互联网、大数据等资源,充分发挥计算机超强的信息处理能力,集成统一的一体化数据平台、一体化管控系统、智能传感与执行、智能控制和优化算法、数据挖掘以及精细化管理决策等技术,形成一种具备自趋优、自学习、自恢复、自适应、自组织等特征的智能发电运行控制与管理模式,以实现安全、高效、环保的运行目标,并具有优秀的外界环境适应能力。智能发电是对发电全过程的智能化监控、操作和管理,是智慧电厂的基础,也是将来实现智慧电站必不可少的。燃煤智慧电站的核心就是智能发电技术与信息融合技术。

智能发电厂以新一代智能管控一体化系统为核心,全面开拓和整合电厂的实时数据处理及管理决策等业务,覆盖火力发电厂全寿命周期的智能发电厂技术方案,其体系结构如图 1-4 所示[12]。智能发电厂以统一的管控一体化平台作为支撑,围绕智能生产控制和智能管理两个中心,通过智能控制、智能安全、智能管理三个功能,融合智能设备层、智能运维层、智能管理层,形成一种具备自趋优全程控制、自学习分析诊断、自恢复故障(事故)处理、自适应多目标优化、自组织精细管理等特征的智能发电运行控制与管理模式,最终借助可视化、云计算与服务、移动应用等技术,为发电企业带来更高设备可靠度、更优出力与运行、更低能耗排放、更强外部条件适应性、更少人力需求和更好企业效益。

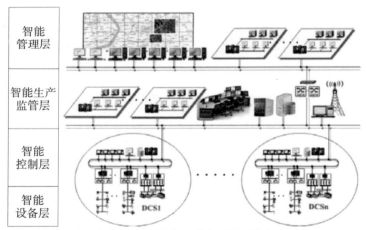

图 1-4　智能发电厂管控一体化系统网络拓扑结构

（1）智能设备层

智能设备层在电厂传统运行设备层的基础上,采用先进的测量传感技术,对电厂生产过程进行全方位检测和感知,并将关键状态参数、设备状态信息及环境因素转换为数字信息,对其进行相应的处理和高效传输,为智能控制层及智能管理层提供基础数据支持。

　　智能设备层中嵌入高精度的机组重要参数软测量信号,包括锅炉热量、入炉煤质、入炉煤成分、锅炉入炉煤粉流量、烟气含氧量、汽轮机排汽焓、锅炉蓄能、蒸汽流量等,为智能控制中的优化控制、在线经济性分析及诊断系统提供重要数据保证[12]。

　　(2)智能控制层

　　由于燃煤电厂机组对象特性复杂且需不断适应外界工况的变化,传统 DCS 控制功能已不能满足多样化生产需求,因此在智能控制层中需结合先进控制算法及智能控制策略、多目标优化、数据分析等技术手段,来满足对象多样化的需求。智能控制层中嵌入更具针对性、实用性的节能优化控制系统解决方案,包括基于精准能量平衡的智能机炉协调控制系统、燃烧优化控制系统、脱硫/脱硝优化控制系统以及适应机组快速变负荷和深度变负荷控制的弹性运行优化控制系统,同时包含主蒸汽压力定值优化、汽轮机冷端优化、锅炉吹灰优化、制粉系统优化等节能优化控制算法,以满足机组快速、经济、环保等多目标柔性优化控制需求。智能控制层中嵌入机组实时经济性分析与诊断系统,结合智能设备层提供的高可靠、高精度的测量信息,应用锅炉核心计算方程、汽轮机热经济性状态方程、机组性能耗差分析等工程分析方法,实现对电厂设备及系统性能的实时计算,全面、精确、直观地反映当前机组性能指标和能损分布情况,指导机组运行人员进行合理的调整,达到提高机组运行效率、降低煤耗的目的。智能控制层中还嵌入设备状态监测与智能预警诊断系统,通过对机组设备重要状态参数的劣化分析、基于深度学习的设备状态预警及诊断,实现对机组运行状态及故障的超前预警与故障诊断,为智能管理提供决策支持。

　　(3)智能生产监管层

　　智能生产监管层是一个厂级综合生产监管平台,其根据智能控制层提供的节能优化控制系统解决方案、机组经济性分析及诊断结果、设备状态监测与智能预警、自启停控制系统提供用户界面、柔性多目标决策、模型的更新与深度学习、故障自切换与恢复等监督功能；同时向智能管理层提供机组的全面分析诊断报告，为智能管理的决策提供依据。此外，在智能生产监管层中配备厂级负荷优化系统及高级值班员决策支持系统，为机组的高效运行及安全管理维护提供支持[12]。

（4）智能管理层

智能管理层中提供自组织的精细化管理解决方案，侧重于企业信息管理现代化，其在实现智能发电厂基本功能的基础上进行应用扩展和资源优化调度整合。电厂可根据其现状和特点，因地制宜、注重实效，为企业进一步创造经济价值。

以信息加工深度为主线，按照监测、分析、预测和洞察 4 个层次，从设备、生产、经营 3 个维度来梳理智能燃煤发电关键技术，得到燃煤智能发电的关键技术矩阵，如图 1-5 所示[14]。

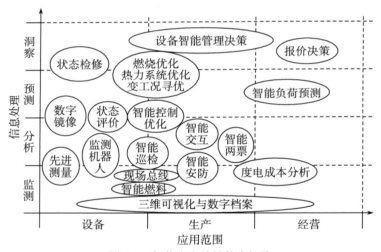

图 1-5　智能发电关键技术矩阵

锅炉是燃煤发电的重要设备，锅炉的智能控制不仅关系到发电厂的安全运行，其燃烧的情况还直接影响锅炉的运行效率，是燃煤电站提质增效、节能降耗的关键环节。随着锅炉容量增大、参数提高，炉内燃烧过程对各种内外部扰动，如燃料扰动、给水温度变化、负荷变化、吹灰频次、季节变化等更加敏感，对锅炉燃烧控制系统提出了更高的要求。传统燃烧调整方法时效性差、响应慢、对煤种及负荷适应性差，不能满足燃煤机组安全、经济、环保、智能运行的需求。目前，国内外燃烧优化主要研究方向包括基于性能试验的燃烧调整优化、基于先进测量技术的燃烧测量优化、针对燃烧器等设备的优化改进和基于仿人智能的燃烧控制优化等[15]。

煤炭是燃煤电厂必需品,对燃煤电厂的生产效率和运行效率都有着直接且重要的影响,燃煤的使用情况是决定电厂经济效益的关键环节。智能燃煤管控决策系统也是智能发电,乃至智慧电站的基础环节。由图 1-5 也可以看出,智能燃料系统处于燃煤智能发电关键技术矩阵的基础层面,是实现智能发电的必备环节。智能燃煤管控决策系统是综合应用物联网、自动化控制、信息及系统集成技术,集燃煤运输储存监控、智能设备监管和燃煤业务管理于一体的管理与控制综合型工业应用系统。具体包括燃煤入厂验收管理系统、煤质实验室信息管理系统、数字化煤场管理系统、智能燃煤储存系统、智能燃煤掺烧决策系统等。将燃料管理环节中相对分散的生产设备、业务过程统一起来,实现设备远程智能管控、燃料信息实时共享、智能燃煤掺配、分析预警及决策辅助等功能,实时掌控入厂、入炉,库存煤的量、质、价信息,实现价值管理智能化,为提高锅炉燃烧效率打下坚实基础。一般燃煤智能管控系统的结构如图 1-6 所示[14]。由于燃煤种类多样、煤场很大、设备繁多,给燃煤信息的采集和管理带来了困难。再加上减排压力越来越大,锅炉效率也不断增高,随着智慧电站的建设,对燃煤智能管控决策系统的要求也越来越高。

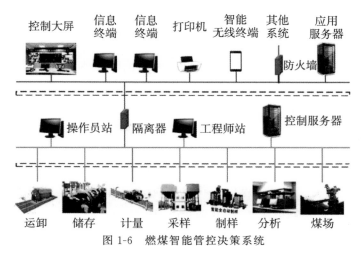

图 1-6　燃煤智能管控决策系统

智慧电厂和智能发电不是同一个概念,智慧电厂不仅以实现发电过程智能化为基础,实际上还应突破发电行业对经营业务的限制,从对社会服务的功能和贡献效益的最大化出发,通过与发电上下游产业融合延伸,形成循环经济,提供更多的增值服务,提高能源和资源利用率,并以特有的消纳能力,承担更多环境保护和社会服务功能。智慧电厂的核心是智能发电技术和信息融合技术[16],未来随着碳达峰、碳中和目标的实现以及新一轮能源改革转型的需要,燃煤电站智慧化是未来的发展趋势。

# 1.3 火电厂燃煤管理系统现状

火电厂燃煤管理系统一般由以下四个子系统构成:① 卸煤子系统;② 上煤子系统;③ 储煤子系统;④ 配煤子系统。配煤子系统是火电厂满足煤质要求,降低煤耗,提高经济效益的关键一环。而燃煤的分类分仓储存应该是火电厂实现优化配煤的基础。目前,火电厂燃煤管理系统主要存在以下问题:① 未对燃煤按照经济性和安全性指标进行分类分仓储存,而是采取随机储存方式,哪个仓空就存哪个仓,燃煤的混乱储存和管理成了优化配煤技术实现的障碍;② 电厂燃煤管理系统没有实现优化配煤。

国内外对配煤的研究起步较早,如浙江大学热能工程研究所对煤场性能各异的数十种无烟煤、烟煤、褐煤及混煤进行了研究;美国的 Praxic 公司,瑞士的 ABB 公司,还有西班牙、日本、英国、加拿大、荷兰等国的一些公司,也都在不同程度上对配煤进行了一定的研究,但一般都是在煤矿、煤场或煤的销售单位来完成电厂配煤的,也就是说,动力配煤技术仅仅在煤炭的销售单位得到了应用。国外一些电厂进行动力配煤的主要原因和目的是采用低硫煤与高硫煤混合燃烧以降低 $SO_2$ 的排放,降低锅炉的结渣、沾污和积灰,充分利用高热值煤,保证灰含量和发热量。许多学者在对动力配煤广泛研究后提出,为节约能源、降低煤耗、保护环境、优化锅炉运行、提高经济效益,开发和应用电厂优化配煤系统来优化电厂资源利用,是动力配煤技术进一步发展的方向。

迄今为止,还没有适合电厂的实用的燃煤分类分仓决策系统,也没有适合电厂在线运行的实用的优化配煤系统。电厂不能像煤场那样在数十种煤之间任意选择搭配,往往只能在限定的几种煤之间优化组合;并且电厂来煤渠道较多,煤种复杂,煤质极不稳定。因此,如何在有限的、多变的资源下达到配煤的要求是目前电厂燃煤优化系统研究的热点。

# 1.4 内容提要

本书以某电厂实际燃煤管理系统为对象,针对电站筒仓储煤的特点,提出了一种燃煤分类分仓储存智能决策系统和一种适合电厂运行的配煤模型并进行优化求解。主要内容如下。

① 综合考虑经济、稳燃、环保三方面的因素,依据热值、挥发分、硫分、灰分和单价等指标,采用灰色综合聚类分析法对燃煤进行分类,克服了因聚类系数无显著性差异而无法判断对象所属灰类的缺陷。

② 采用价值权衡法评价灰色聚类分析中各个参数指标的权重。

③ 依据综合聚类系数,采用专家系统实现燃煤的分仓储存,并且依据实际对象设计了燃煤分仓储存的专家系统实现方案。

④ 提炼了一种适合电厂运行的配煤模型:以煤耗成本最小为目标函数,综合考虑经济、稳燃、环保三方面的因素,选取热值、挥发分,硫分、灰分、价格等指标加以约束。

⑤ 采用神经网络技术对混煤的煤质参数进行预测,解决了混煤与单煤之间煤质参数的非线性映射问题,并且对标准 BP 算法在实际应用中暴露出来的缺陷加以改进。

⑥ 研究了遗传算法的基本原理、特点和实现步骤,将十进制编码的遗传算法应用于配煤问题的求解,得到了符合电厂生产实际的最优方案,并对遗传算法在实际应用中存在的问题进行了改进。

⑦ 用 MATLAB 语言对实际案例进行仿真,验证了本书提出方案的有效性。

# 第二章
# 电厂燃煤优化系统基本问题描述

本章对火电厂燃煤管理系统的研究主要着眼于分类分仓储煤和优化配煤两个方面,分类分仓储煤是以筒仓为储煤方式的火电厂实现优化配煤的基础。

## 2.1 火电厂燃煤分类分仓问题描述

优化配煤是指将不同类别、不同品质的煤按照一定比例掺配在一起,混合成一种新煤来满足用户对煤质的要求,以提高煤的利用率。为了实现优化配煤,电站燃煤分类分仓问题的基本任务就是将若干种燃煤,按照要求分成若干类,分别储存在不同的筒仓内,以满足下一步配煤燃烧的要求。

电站燃煤分类分仓问题的基本描述:设电站有 $n$ 种燃煤,按照要求,选取 $k$ 项指标,将燃煤分成 $s$ 类,分别储存在 $t$ 个筒仓内。

## 2.2 火电厂优化配煤问题描述

对于筒仓储煤的火电厂,应该在对燃煤进行分类分仓储存的基础上进行优化配煤。本书就是在对燃煤分类分仓之后建立模型解决优化配煤问题的。综合考虑经济、稳燃、环保三方面的因素,选取热值、挥发分、硫分、灰分、价格等指标,对以煤耗成本最小为目标函数的配煤模型加以约束。

设电厂共 $m$ 个筒仓,考虑到设备备用情况及厂用电率等的影响,每次只允许

启动 $n$ 个筒仓参与配煤,因此每次只能在 $m$ 种煤当中选取 $n(n \leqslant m)$ 种进行配比。从 $m$ 种煤里面选择 $n$ 种掺配,选择方式共有 $c_m^n$ 种,也就是说需要求 $c_m^n$ 个模型函数的最优解,然后再从这 $c_m^n$ 个最优解中选取一个最佳的配比方案。

# 2.3 火电厂优化配煤模型

## 2.3.1 约束条件

约束条件越多,模型越精确、越合理,但是约束条件过多会使模型变得非常复杂,实际应用当中实现起来非常困难,同时也不利于突出问题的主要方面。因此,为了追求经济、稳定燃烧和环境保护三方面的目标,选取了热值、挥发分、硫分、灰分四项影响比较大的指标作为优化配煤模型的约束条件。现将这四项指标在经济、稳燃、环保三方面的影响简要阐述如下。

（1）热值

单位重量的煤完全燃烧的热效应,称为煤的发热量或热值。发热量是评价煤质的一项重要指标。根据纯煤的发热量,可以大致推测煤的变质程度以及其他某些煤质特征,如粘结性、结焦性等。燃煤电站锅炉一般燃用经过磨制的煤粉,研究表明发热量是反映煤粉燃烧好坏的一个重要指标。当煤的发热量下降到一定程度时,不仅会引起燃烧不稳定、不完全,而且可能导致锅炉灭火等故障。实验数据表明,燃煤的低位发热量下降 1 MJ/kg,厂用电率将提高 0.5%。此外,燃煤发热量下降对锅炉机组的可用率影响巨大。美国电力公司（AEP）的一项研究表明,美国全国燃煤机组 10 年间,燃煤平均发热量从 27.328 MJ/kg 下降到 24.65 MJ/kg,可用率下降了 13%。由此可见,热值是影响燃煤电站经济性和稳定燃烧的一项重要指标。

（2）挥发分

煤粉颗粒由挥发分、固定碳、水分和灰分等部分组成,由于挥发分能在较低温度下析出和燃烧,随着燃烧放热,焦炭粒的温度迅速提高,为其着火和燃烧创造了极为有利的条件。另外,挥发分的析出还增大了焦炭颗粒的内部空隙和外部反应面积,有利于提高焦炭的燃烧速度。因此,挥发分含量越大,煤中难燃的固定碳含量越少,煤粉越容易燃尽;挥发分析出产生的空隙多,反应表面积增大,使燃烧反应加快。挥发分含量降低时,煤粉气流着火温度显著升高,着火热也随之增大,着火困难,达到着火所需要的时间变长,燃烧稳定性降低,火焰中心上移,炉膛辐射受热面吸收的热量减少,对流受热面吸收的热量增加,容易造成末级过热器、再热器超温甚至爆管。同时,尾部排烟温度升高,排烟损失也增大。

(3)硫分

硫是煤中的有害元素之一。

动力用煤中的硫在煤燃烧过程中形成 $SO_2$,$SO_2$ 不仅腐蚀金属设备,而且还是造成大气污染的"公害"。煤作为我国的主要能源,因其大量燃烧造成对环境的污染,使全国大气呈煤烟型污染,燃煤排放到大气的固态粉尘及 $SO_2$ 分别占总排放量的 50% 和 80% 以上。为此,国家制定了一系列的法律、法规,限制高硫煤的开采和使用,以保护日益恶化的大气环境。因此,在动力配煤过程中必须考虑配煤硫分的高低,以满足客户和保护环境的需要。可见,煤的硫分是评价动力用煤质量的又一重要参数。

(4)灰分

煤的灰分是指煤中所有的可燃物完全燃烧,煤中矿物质在一定温度下产生一系列分解、化合等复杂反应后剩下的残渣。燃料中的灰分在燃烧过程中不但不能放出热量而且还要吸收热量。因此,灰分含量越大,发热量越低,容易导致着火困难和着火延迟;同时,炉膛燃烧温度显著降低,煤的燃尽度变差,造成飞灰可燃物高。灰分含量增大,碳粒可能被灰层包裹,碳粒表面燃烧速率降低,火焰的传播速度减小,造成燃烧不良;另外,飞灰浓度越高,使锅炉受热面特别是尾部的省煤器、空预器受热面的磨损加剧。排灰量增加,也使得除尘费用及厂用电上升,同时,飞灰和炉渣的热物理损失变大,从而降低了锅炉的效率。统计资料显示,平均灰分若从 13% 上升到 18%,锅炉强迫停运率将从 1.3% 上升到 7.5%。

### 2.3.2 数学模型

综上所述，火电厂优化配煤模型的数学描述如下。

火电厂优化配煤问题的目标函数：

$$P_{\min} = \sum_{i=1}^{n} C_i X_i, \quad n = 1, 2, 3, \cdots, m \tag{2-1}$$

$$\text{约束条件} \begin{cases} Q > Q_A \\ V > V_A \\ A < A_A \\ S < S_A \\ X_1 + X_2 + \cdots + X_n = 1 \\ X_n > 0 \end{cases} \tag{2-2}$$

其中，$P$ 为混煤的价格，$C$ 为每种煤的单价，$X_i$ 为第 $i$ 种煤的参配比例，$Q$ 为每种煤的热值，$V$ 为煤的挥发分含量，$A$ 为煤的灰分含量，$S$ 为煤的硫分含量，$Q_A$、$V_A$、$A_A$ 和 $S_A$ 的值一般可根据实际要求确定。模型的目的就是找到一组最佳配比使得混煤的热值和挥发分含量尽可能地大，价格、硫分和灰分尽可能地小。

# 2.4 本章小结

本章介绍了火电厂燃煤分类分仓储存和优化配煤的基本问题，提炼出了适合电厂实际运行的优化配煤模型。总结如下。

① 以筒仓储煤的电站为对象，描述燃煤的分类分仓问题和优化配煤问题。

② 煤价是最能反映火电厂运营成本的经济指标，因此把追求混煤单价最低作为配煤模型的目标函数。

③ 为了使配煤模型准确、合理、易于应用，同时突出经济、稳燃、环保三个主要方面，选取热值、挥发分、硫分、灰分四项指标参数作为模型的约束条件。

# 第三章
# 燃煤分类技术

本章依据热值、挥发分、硫分、灰分和单价等指标,采用灰色综合聚类分析法对燃煤进行分类,采用价值权衡法解决灰色聚类分析中各个指标的权重。

## 3.1 价值权衡的两两比较法

依据热值、挥发分、硫分、灰分和单价等多项指标对燃煤进行分类实际上是一个多目标的决策问题。对于多目标问题,各个目标的重要程度有所不同,有的目标相对重要一些,有的目标相对次要一些,有的极为重要,有的可能很不重要,这是很自然的事情。决策者对目标重要程度所进行的比较及量化称为"价值权衡"。价值权衡最终体现在各个目标的"加权系数"的赋值上。因此,各个指标的权重系数的确定是决策者应首先解决的基本问题。

决策者对多个属性的不同重要程度作比较,同时进行比较和判断的属性不能过多。实验证明,人的同时比较能力不能超过 7 个因素。然而对于两个指标之间重要程度差异的比较,人完全能够胜任,因此对于多指标的权重分析采用"两两比较法"。归纳出两两比较法科学的完整概念与方法的是 T. L. Saaty。

### 3.1.1 两两比较法确定比较矩阵

两两比较法是每次在 $n$ 个属性中只对两个属性进行比较,并设定对 $i$ 与 $j$ 两个因素进行重要程度比较时作如下约定。

$i, j$ 比较:"极为重要"记为 9,"重要的多"记为 7,"重要"记为 5,"稍重要"记为 3,"一样重要"记为 1,"稍次要"记为 $\frac{1}{3}$,"次要"记为 $\frac{1}{5}$,"次要的多"记为 $\frac{1}{7}$,"极为次要"记为 $\frac{1}{9}$。

和决策者对话,进行两两因素之间重要程度的比较,可得到如下结果:

|       | $x_1$    | $x_2$    | $\cdots$ | $x_n$    |
|-------|----------|----------|----------|----------|
| $x_1$ | $a_{11}$ | $a_{12}$ | $\cdots$ | $a_{1n}$ |
| $x_2$ | $a_{21}$ | $a_{22}$ | $\cdots$ | $a_{2n}$ |
| $\cdots$ |       |          |          | $\cdots$ |
| $x_n$ | $a_{n1}$ | $a_{n2}$ | $\cdots$ | $a_{nn}$ |

根据上述对话结果,得到比较矩阵 $A$:

$$A = \left[ a_{ij} \right]_{n \times n} \tag{3-1}$$

对于矩阵 $A$ 先算出最大特征根 $\lambda_{\max}$,然后求出其相应的规范化的特征向量 $W$,即

$$AW = \lambda_{\max} W \tag{3-2}$$

其中,$W$ 的分量$(w_1, w_2, \cdots, w_n)$就是对应于 $n$ 个因素的权重系数。

上述计算权重系数的方法比较麻烦,还有近似算法可以简便地计算权重系数。本书采用和积法计算权重系数。

### 3.1.2 和积法计算权重系数

(1)对比较矩阵 $A$ 按列规范化

$$\overline{a_{ij}} = \frac{a_{ij}}{\sum_{i=1}^{n} a_{ij}} \qquad i,j = 1,2,\cdots,n \tag{3-3}$$

(2)再按行相加得和数 $\overline{w_i}$

$$\overline{w_i} = \sum_{j=1}^{n} \overline{a_{ij}} \tag{3-4}$$

(3)再规范化,即得权重系数 $w_i$

$$w_i = \frac{\overline{w_i}}{\sum_{i=1}^{n} \overline{w_i}} \tag{3-5}$$

### 3.1.3 一致性检验

用两两比较法和决策者对话可得到比较矩阵,但是可能会发生判断不一致,所以需要进行一致性检验。一致性检验就是检查决策者对多属性评价的一致性,完全一致时,应该存在如下关系:

$$a_{ik} = a_{ij}a_{jk} \tag{3-6}$$

反之,就是不一致。不一致性在所难免,那么存在多大的不一致性就可以被接受呢?这就是一致性检验所要讨论的内容。

当判断完全一致时,应该有 $\lambda_{\max} = n$,定义一致性指标 C.I. 为

$$C.I. = \frac{\lambda_{\max} - n}{n-1} \tag{3-7}$$

$$\lambda_{\max} = \sum_{i=1}^{n} \frac{[AW]_i}{n w_i} \tag{3-8}$$

当一致时,C.I. $=0$;不一致时,一般 $\lambda_{\max} > n$,因此,C.I. $>0$。那么,如何衡量 C.I. 值可否被接受,Saaty 构造了最不一致的情况,就是对不同 $n$ 的比较矩阵中的元素,采取 $\frac{1}{9},\frac{1}{7},\cdots,1,\cdots,7,9$ 随机取数的方式赋值,并且对不同 $n$ 用了 $100\sim500$ 个子样,计算其一致性指标,再求得平均值,记为 C.R. 。实验结果如下:

| $n$ | 3 | 4 | 5 | 6 | 7 | 8 | 9 | 10 | 11 |
|------|------|-----|------|------|------|------|------|------|------|
| C.R. | 0.58 | 0.9 | 1.12 | 1.24 | 1.32 | 1.41 | 1.45 | 1.49 | 1.51 |

只要满足 $\dfrac{C.I.}{C.R.} < 0.1$,就认为所得比较矩阵的判断可以接受。

## 3.2 灰色综合聚类分析法

灰色聚类评估分析一直是灰色系统理论讨论较多的灰色技术之一,文献[17]创立了变权聚类方法,文献[18]提出了定权灰色聚类评估和基于三角白化权函数的灰色聚类评估,文献[19]提出了灰色最优聚类,文献[20]讨论了灰色聚类分析

的改进措施。但当聚类系数无显著性差异时，以上研究方法就无法判定聚类对象应属于何灰类。模糊综合评价方法也是通过比较隶属度来判定对象所属类别，当计算所得隶属度无显著性差异时，也无法判定对象应属于何类别。而灰色综合聚类分析法在对灰色聚类分析研究的基础上，有效地避免了聚类系数无显著性差异就无法判别对象所属灰类的问题。故本书采用灰色综合聚类分析法对电厂燃煤按要求进行分类。

设有 $n$ 个聚类对象，$m$ 个聚类指标，$s$ 个不同灰类，根据第 $i(i=1,2,\cdots,n)$ 个对象关于 $j(j=1,2,\cdots,m)$ 指标的观测值 $x_{ij}(i=1,2,\cdots,n;j=1,2,\cdots,m)$ 将第 $i$ 个对象归入第 $k(k\in(1,2,\cdots,s)$ 个灰类，称为灰色聚类。

### 3.2.1 灰色聚类三角白化权函数确定

① 按照评估要求所需划分的分类数 $s$，将各个指标的取值范围也相应地划分为 $s$ 个灰类，例如，将 $j$ 指标的取值范围 $[a_1,a_{s+1}]$ 划分为 $s$ 个区间 $[a_1,a_2]$，$\cdots$，$[a_{k-1},a_k]$，$\cdots$，$[a_{s-1},a_s]$，$[a_s,a_{s+1}]$，其中，$a_k(k=1,2,\cdots,s,s+1)$ 的值一般可根据实际情况的要求或定性研究结果确定。

② 令 $\lambda_k=\dfrac{(a_k+a_{k+1})}{2}$ 属于第 $k$ 个灰类的白化权函数值为1，连接 $(\lambda_k,1)$ 与第 $k-1$ 个灰类的起点 $a_{k-1}$ 和第 $k+1$ 个灰类的终点 $a_{k+2}$，得到 $j$ 指标关于 $k$ 灰类的三角白化权函数 $f_j^k(.)$，$j=1,2,\cdots,m;k=1,2,\cdots,s$。对于 $f_j^1(.)$ 和 $f_j^s(.)$，可分别将 $j$ 指标取数域向左、右延拓至 $a_0,a_{s+2}$（图3-1）。

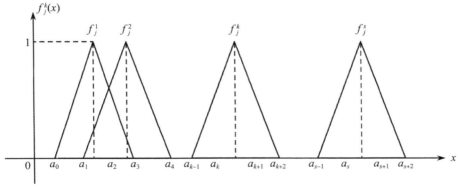

图3-1　白化权函数示意图

25

对于指标 $j$ 的一个观测值 $x$，可由式(3-9)求得其属于灰类 $k(k=1,2,\cdots,s)$ 的三角白化权函数：

$$f_j^k(x) = \begin{cases} 0 & x \notin [a_{k-1}, a_{k+2}] \\ \dfrac{(x-a_{k-1})}{(\lambda_k - a_{k-1})} & x \in [a_{k-1}, \lambda_k] \\ \dfrac{(a_{k+2}-x)}{(a_{k+2}-\lambda_k)} & x \in [\lambda_k, a_{k+2}] \end{cases} \tag{3-9}$$

### 3.2.2 关于灰色综合聚类分析的一些概念

**定义 1**：设有 $n$ 个聚类对象，$m$ 个聚类指标，$s$ 个不同灰类，聚类对象 $i$ 关于聚类指标 $j$ 的量化评价值为 $x_{ij}(i=1,2,\cdots,n;j=1,2,\cdots,m)$，$f_j^k(*)(j=1,2,\cdots,m;k=1,2,\cdots,s)$ 为聚类指标 $j$ 关于 $k$ 灰类的白化权函数。若聚类指标 $j$ 关于 $k$ 灰类的聚类权与 $k$ 无关，即 $w_j(j=1,2,\cdots,m)$ 为聚类指标 $j$ 的聚类权，且 $\sum\limits^m w_j =1$，则称 $\sigma_i^k = \sum\limits^m f_j^k(x_{ij})w_j$ 为聚类对象 $i$ 属于 $k$ 灰类的聚类系数。

**定义 2**：称 $\sigma_i = (\sigma_i^1, \sigma_i^2, \cdots, \sigma_i^s)(i=1,2,\cdots,n)$ 为聚类对象的聚类系数向量，称

$$\sum = (\sigma_i^k) = \begin{bmatrix} \sigma_1^1 & \sigma_1^2 & \cdots & \sigma_1^s \\ \sigma_2^1 & \sigma_2^2 & \cdots & \sigma_2^s \\ \cdots & \cdots & \cdots & \cdots \\ \sigma_n^1 & \sigma_n^2 & \cdots & \sigma_n^s \end{bmatrix}$$

为聚类系数矩阵。

**定义 3**：令 $\delta_i^k = \dfrac{\sigma_i^k}{\sum\limits^s \sigma_i^k}$，称 $\delta_i^k$ 为聚类对象 $i$ 属于 $k$ 灰类的归一化聚类系数。

**定义 4**：称 $\delta_i = (\delta_i^1, \delta_i^2, \cdots, \delta_i^s)(i=1,2,\cdots,n)$ 为聚类对象 $i$ 的归一化聚类系数向量，称

$$\prod = (\delta_i^k) = \begin{bmatrix} \delta_1^1 & \delta_1^2 & \cdots & \delta_1^s \\ \delta_2^1 & \delta_2^2 & \cdots & \delta_2^s \\ \cdots & \cdots & \cdots & \cdots \\ \delta_n^1 & \delta_n^2 & \cdots & \delta_n^s \end{bmatrix}$$

为归一化聚类系数矩阵。

由上面的定义可以看出,当聚类对象 $i$ 的聚类系数向量 $\delta_i=(0,0,\cdots,0)$ 时,对象 $i$ 显然属于第 $s$ 类;对象 $i$ 的聚类系数向量 $\delta_i=(1,0,\cdots,0)$ 时,对象 $i$ 属于第一类。但当归一化聚类系数向量 $\delta_i$ 之间的元素无显著性差异时,我们就无法判定对象 $i$ 属于哪一类。

**定义 5**:设有 $n$ 个聚类对象,$s$ 个不同灰类,令 $\eta=(1,2,\cdots,s-1,s)^{\mathrm{T}}$,则称 $\omega_i=\delta_i\cdot\eta=\sum\limits^{s}k\cdot\delta_i^k(i=1,2,\cdots,n)$ 为聚类对象 $i$ 的综合聚类系数。$\eta=(1,2,\cdots,s-1,s)^{\mathrm{T}}$ 称为综合聚类系数的权向量。

**定义 6**:称

$$\pi=(\omega_i)=\begin{bmatrix}\delta_1^1 & \delta_1^2 & \cdots & \delta_1^s \\ \delta_2^1 & \delta_2^2 & \cdots & \delta_2^s \\ \cdots & \cdots & \cdots & \cdots \\ \delta_n^1 & \delta_n^2 & \cdots & \delta_n^s\end{bmatrix}(1,2,\cdots,s-1,s)^{\mathrm{T}}$$

为综合聚类系数矩阵。

命题:对于任意聚类对象的综合聚类系数,都有 $1\leqslant\omega_i\leqslant s,i=1,2,\cdots,n$。

证明:由归一化聚类系数向量 $\delta_i=(\delta_i^1\delta_i^2\cdots\delta_i^s)(i=1,2,\cdots,n)$ 的定义可知,$0\leqslant\delta_i^k\leqslant1$,对于任意聚类对象的综合聚类系数 $\omega_i=\delta_i\cdot\eta(i=1,2,\cdots,n)$,它的最大值应为 $(0,0,\cdots,0,1)(1,2,\cdots,s-1,s)^{\mathrm{T}}=s$,最小值应为 $(1,0,\cdots,0,0)(1,2,\cdots,s-1,s)^{\mathrm{T}}=1$。

所以有 $1\leqslant\omega_i\leqslant s$。

由于聚类对象被分成 $s$ 类,而综合聚类系数 $1\leqslant\omega_i\leqslant s$,因此,可以把综合聚类系数的取值范围分为 $s$ 个互不相交的等长区间,即 $\left[1,1+\dfrac{s-1}{s}\right)$,$\left[1+\dfrac{s-1}{s},1+\dfrac{2(s-1)}{s}\right),\cdots,\left[1+\dfrac{(k-1)(s-1)}{s},1+\dfrac{k(s-1)}{s}\right),\cdots,\left[s-\dfrac{s-1}{s},s\right]$。

**定义 7**:当聚类对象 $i$ 的综合聚类系数 $\omega_i\in\left[1+\dfrac{(k-1)(s-1)}{s},1+\dfrac{k(s-1)}{s}\right)$ 时,称聚类对象 $i$ 属于第 $k$ 灰类。

### 3.2.3 灰色综合聚类分析法基本步骤

综上所述,可得以下灰色综合聚类分析法:

① 按照综合评价要求划分灰类数 $s$,给出聚类指标 $j$ 关于 $k$ 灰类的白化权函数 $f_j^k(*)(j=1,2,\cdots,m;k=1,2,\cdots,s)$;

② 根据定性分析结论确定每个指标的聚类权重系数 $w_j,j=1,2,\cdots,m$;

③ 根据①和②得出的白化权函数 $f_j^k(*)(j=1,2,\cdots,m;k=1,2,\cdots,s)$,聚类权 $w_j(j=1,2,\cdots,m)$ 以及对象 $i$ 关于 $j$ 指标得样本值 $x_{ij}(i=1,2,\cdots,n,j=1,2,\cdots,m)$,计算出对象 $i$ 关于第 $k$ 灰类的聚类系数 $\sigma_i^k,\sigma_i^k=\sum\limits_{i}^{m}f_i^k(x_{ij})w_j$;

④ 计算对象 $i$ 关于灰类 $k$ 的归一化聚类系数 $\delta_i^k,\delta_i^k=\dfrac{\sigma_i^k}{\sum\limits_{k=1}^{s}\sigma_i^k}$;

⑤ 计算聚类对象的归一化聚类系数向量 $\delta_i=(\delta_i^1,\delta_i^2,\cdots,\delta_i^s),(i=1,2,\cdots,n)$;

⑥ 根据归一化聚类系数向量 $\delta_i$ 和聚类系数的权向量 $\eta=(1,2,\cdots,s-1,s)^{\mathrm{T}}$,计算对象 $i$ 的综合聚类系数 $\omega_i$,其中,$\omega_i=\delta_i\cdot\eta(i=1,2,\cdots,n)$;

⑦ 把综合聚类系数的取值范围分为 $s$ 个互不相交的等长区间,即 $\left[1,1+\dfrac{s-1}{s}\right),\left[1+\dfrac{s-1}{s},1+\dfrac{2(s-1)}{s}\right),\cdots,\left[s-\dfrac{s-1}{s},s\right]$;

⑧ 当综合聚类系数 $\omega_i\in\left[1+\dfrac{(k-1)(s-1)}{s},1+\dfrac{k(s-1)}{s}\right)$ 时,判定对象属于第 $k$ 灰类;

⑨ 结束。

# 3.3 实际案例分析

某厂共 5 个筒仓,对该厂一段时期内的 12 种燃煤依据热值、挥发分、硫分、灰分和价格 5 项评估指标,分成 5 类分别储存在 5 个筒仓内。12 种燃煤的原始数据如表 3-1 所示。

### 3.3.1 燃煤指标权重的确定

热值、挥发分、硫分、灰分和价格 5 项指标分别设为 $x_1, x_2, x_3, x_4, x_5$，两两比较得出比较矩阵 A，见表 3-2。

求得 5 个指标的权重系数分别为：$w_1 = 0.420\,7, w_2 = 0.201\,5, w_3 = 0.216\,1$，$w_4 = 0.090\,3, w_5 = 0.071\,3$。

表 3-1　燃煤原始数据

| 煤种 | 热值（MJ/kg） | 挥发分（%） | 硫分（%） | 灰分（%） | 价格（元） |
|---|---|---|---|---|---|
| 窑街 | 22.71 | 35.57 | 0.44 | 15.47 | 280 |
| 河西混煤 | 16.54 | 28.58 | 1.51 | 30.89 | 200 |
| 哈密煤 | 24.98 | 38.99 | 0.28 | 6.66 | 290 |
| 平凉煤 | 19.937 | 32.04 | 0.54 | 14.72 | 190 |
| 靖远 | 21.743 | 33.94 | 0.57 | 22.34 | 230 |
| 花草滩-1 | 17.733 | 39.18 | 0.77 | 24.89 | 265 |
| 花草滩-2 | 17.551 | 24.15 | 0.66 | 27.01 | 290 |
| 恒元集团 | 23.62 | 35.69 | 0.34 | 23.15 | 250 |
| 灵州集团 | 20.62 | 34.97 | 0.65 | 11.51 | 255 |
| 天祝煤 | 24.88 | 38.41 | 0.36 | 13.12 | 260 |
| 地方小窑-1 | 19.18 | 34.87 | 0.81 | 23.1 | 200 |
| 地方小窑-2 | 19.74 | 31.5 | 0.74 | 18.01 | 265 |

表 3-2　五项指标比较矩阵

| | $x_1$ | $x_2$ | $x_3$ | $x_4$ | $x_5$ |
|---|---|---|---|---|---|
| $x_1$ | 1 | 3 | 2 | 5 | 4 |
| $x_2$ | $\dfrac{1}{3}$ | 1 | 1 | 3 | 3 |
| $x_3$ | $\dfrac{1}{2}$ | 1 | 1 | 3 | 3 |
| $x_4$ | $\dfrac{1}{5}$ | $\dfrac{1}{3}$ | $\dfrac{1}{3}$ | 1 | 2 |

|        | $x_1$ | $x_2$ | $x_3$ | $x_4$ | $x_5$ |
|--------|-------|-------|-------|-------|-------|
| $x_5$  | $\dfrac{1}{4}$ | $\dfrac{1}{3}$ | $\dfrac{1}{3}$ | $\dfrac{1}{2}$ | 1 |

由于煤价的波动对电厂成本的影响较大,所以把价格和热值的权重稍做调整,权重系数近似可取为:$w_1 = 0.4, w_2 = 0.2, w_3 = 0.2, w_4 = 0.1, w_5 = 0.1$。当 $n = 5$ 时,$C.R. = 1.12$,求得 $Q = 0.0618 < 0.1$,所以上述的评价结果可以接受。

### 3.3.2 燃煤的分类

将燃煤分成 5 类储存在 5 个筒仓内,应把综合聚类系数的取值范围分为 5 个互不相交的等长区间,即 $[1, 1.8), [1.8, 2.6), [2.6, 3.4), [3.4, 4.2), [4.2, 5]$,用以来判定对象的所属灰类。

挑出 12 种煤每项指标的最小值和最大值,取整后作为各个指标的取值范围,再将各个指标的取值范围相应地划分为 5 个灰类,$a_1, a_2, \cdots, a_6$ 的值和左、右延拓值 $a_0, a_7$ 如表 3-3 所示。

依据表 3-3 的数据和式 3-9 可求得各个指标观测值的白化权函数。求得的 12 种煤的综合聚类系数和类别如表 3-4 所示。

**表 3-3　白化权函数参数值**

|               | $a_0$ | $a_1$ | $a_2$ | $a_3$ | $a_4$ | $a_5$ | $a_6$ | $a_7$ |
|---------------|-------|-------|-------|-------|-------|-------|-------|-------|
| 热值(kJ/kg)   | 14    | 16    | 18    | 20    | 22    | 24    | 25    | 27    |
| 挥发分(%)     | 20    | 24    | 30    | 34    | 35    | 37    | 40    | 42    |
| 硫分(%)       | 0.05  | 0.2   | 0.45  | 0.6   | 0.7   | 0.9   | 1.51  | 1.8   |
| 灰分(%)       | 2     | 6     | 12    | 16    | 23    | 25    | 31    | 33    |
| 价格(元/t)    | 140   | 190   | 200   | 250   | 260   | 270   | 290   | 300   |

表 3-4　燃煤分类结果

| 煤种 | 1 | 2 | 3 | 4 | 5 | 6 | 7 | 8 | 9 | 10 | 11 | 12 |
|---|---|---|---|---|---|---|---|---|---|---|---|---|
| 综合聚类系数 | 2.29 | 4.28 | 1.37 | 3.02 | 2.70 | 3.74 | 4.23 | 1.98 | 2.95 | 1.56 | 3.45 | 3.64 |
| 类别 | 2 | 5 | 1 | 3 | 3 | 4 | 5 | 2 | 3 | 1 | 4 | 4 |

# 3.4 本章小结

　　本章介绍了两两比较法和灰色综合聚类分析法的一般原理和基本实现步骤，针对电站筒仓储煤的特点。提出了一种燃煤分类分仓智能决策系统，即综合考虑经济、稳燃、环保三方面的因素，依据热值、挥发分、硫分、灰分和单价等指标，采用灰色综合聚类分析法对燃煤进行分类，克服了因聚类系数无显著性差异而无法判断对象所属灰类的缺陷；采用价值权衡法解决灰色聚类分析中各个指标的权重，保证评价结果的科学客观性；实际案例分析表明了该方法的科学有效性。

# 第四章
# 电厂燃煤分仓储存的实现

本章内容依据各种燃煤的综合聚类系数采用基于规则的专家系统实现燃煤的分仓储存。

## 4.1 专家系统概述

专家系统是一种用来对人类专家的问题求解能力建模的计算机程序。它是一个智能计算机程序系统,其内部含有大量的某个领域专家水平的知识与经验,能够利用人类专家的知识和解决问题的方法来处理该领域问题。也就是说,专家系统是一个具有大量的专门知识与经验的程序系统,它应用人工智能技术和计算机技术,根据某领域一个或多个专家提供的知识和经验,进行推理和判断,模拟人类专家的决策过程,以便解决那些需要人类专家处理的复杂问题。简而言之,专家系统是一种模拟人类专家解决领域问题的计算机程序系统。

### 4.1.1 专家系统的组成

（1）知识库

知识库是知识的存储器,用于存储领域专家的经验性知识以及有关的事实、一般常识等。为了建立知识库,要解决知识获取和知识表示问题。知识获取涉及知识工程师如何从专家那里获得专门知识的问题;知识表示则要解决如何用计算机能够理解的形式表达和存储知识的问题。例如,它可能包含医生所提供的用来诊断血液疾病的知识、投资顾问所提供的部门规划知识或者石油工程师所提供的用来解释地球物理调查数据的知识。知识库中的知识来源于知识获取机构,同时它又为推理机提供求解问题所需的知识。

（2）工作存储器(综合数据库)

工作存储器又称为"黑板"或"数据库"。它是用于存放推理的初始证据、中间结果以及最终结果等的工作存储器。工作存储器的内容是不断变化的。在求解问题的初始,它存放的是用户提供的初始证据。在推理过程中,它存放每一步推理所得的结果。推理机根据数据库的内容从知识库中选择合适的知识进行推理,然后又把推理结果存入数据库中,同时又可记录推理过程中的有关信息,为解释接口提供回答用户咨询的依据。

（3）推理机

推理机是专家系统的"思维"机构,实际上是求解问题的计算机软件系统。借助于把存放在工作存储器内的问题事实和存放在知识库内的规则结合起来,建立推理模型,以推断出新的信息。推理机作为产生式系统模型的推理模块,把事实与规则的先决条件(前项)进行比较,看看哪条规则能够被激活。通过这些激活规则,推理机把结论加进工作存储器,并进行处理,直到再没有其他规则的先决条件能与工作存储器内的事实相匹配为止。推理机能够根据知识进行推理和导出结论,而不是简单地搜索现成的答案。

（4）知识获取

知识获取是指通过人工方法或机器学习的方法,将某个领域内的事实性知识和领域专家所特有的经验性知识转化为计算机程序的过程。

（5）解释接口

解释接口又称人-机界面,它把用户输入的信息转换成系统内规范化的表示形式,然后交给相应模块去处理,把系统输出的信息转换成用户易于理解的外部表示形式显示给用户,回答用户提出的"为什么?""结论是如何得出的?"等问题。另外,它能对自己的行为做出解释,可以帮助系统建造者发现知识库及推理机种的错误,有助于对系统调试。

### 4.1.2 专家系统的基本特征

专家系统是基于知识工程的系统,有如下基本特征[21]。

① 具有专家水平的专门知识的人类专家之所以能称为专家,是他掌握了某一领域的专门知识,使其在处理问题时比别人技高一筹。一个专家系统为了能像人类专家那样工作,必须表现专家的技能和高度的技巧以及足够的鲁律性。系统的鲁律性是指不管数据是正确还是病态、不正确的,它都能够正确地处现,或者得到正确的结论,或者指出错误。

② 能进行有效的推理。专家系统具有启发性,能够运用人类专家的经验和知识进行启发式的搜索、试探性推理、不精确推理或不完全推理。

③ 专家系统的透明性和灵活性。透明性是指它能够在求解问题时,不仅得到正确的解答,还知道给出该解答的依据;灵活性表现在绝大多数专家系统中都采用了知识库与推理机相分离的构造原则,彼此相互独立,使得知识的更断和扩充比较灵活方便,不会因一部分的变动而牵动全局。系统运行时,推理机可根据具体问题的不同特点选取不同的知识来构成求解序列,具有较强的适应性。

④ 具有一定的复杂性与难度。人类的知识,特别是经验性知识,大多是不精确、不完全或模糊的,这就为知识的表示和利用带来了一定的困难。另外,专家系统所求解的都是结构不良且难度较大的问题,不存在确定的求解方法和求解路径,这就从客观上造成了建造专家系统的困难性和复杂性。

### 4.1.3 专家系统的知识表示

知识指对学科领域的理解,足够集中的主题领域称为域。在一些相当集中的域获取相关的专家知识后,将要在专家系统中表示这些知识。这就需要找到一种在此系统中构造知识的方法,让系统按照专家一样的方式处理问题,称为知识表示。

用户提供的事实对专家系统的运作起重要作用,因为这些事实有助于理解"世界"的当前状态。而系统必须具备附加的知识,以便巧妙地利用这些事实,解决给定的问题。提供这种附加知识的专家系统公共知识结构称为规则。

规则是过程性知识的一种形式,它把给定信息与一些行为关联起来。这个行为可以是对新信息或需要执行过程的断言。在这种情况下,规则描述如何解决一个问题。

规则一般用产生式规则表示,即:

IF(控制局势)THEN(操作结论)

其中,"控制局势"即事实、证据、假设和目标等各种数据项表示的前提条件;而"操作结论"即定性的推理结果,它可以是对原有控制局势知识条目的更新,还可以是某种控制、估计算法的激活。

规则结构从逻辑上连接 IF 部分中的一个或多个前提(也称条件)到 THEN 部分中的一个或多个后部(也称结论)。例如:

IF　　　　这个球的颜色是红的

THEN　　　我喜欢这个球

对于这个简单的例子,如果给定的球是红的,那么这条规则就推测出"我喜欢这个球"。

一般来说,规则可以有用 AND 语句(合取)、OR 语句(析取)或者两者组合连接起来的多个条件。其结论可以包含单条语句或者 AND 连接的组合。这条规则也可以包含一个 ELSE 语句,当一个或多个条件为 FALSE 时,ELSE 语句就为 TURE。下面给出一般规则结构的实例。

IF　　　　今天(时间在)上午 10 点之后

AND　　　今天是工作日

AND　　　我在家

OR　　　　我的老板打电话来,说我工作迟到了

THEN　　　我工作迟到了

ELSE　　　我工作没有迟到

除了推导新信息,规则还能执行一些操作,也可以是简单的计算,如下面的例子所示。

IF　　　　要计算长方形的面积

THEN　　　AREA＝LENGTH * WIDTH

当其条件信息加入工作内存时,这条规则将被激活。激活结果就是面积计算。

# 4.2 基于规则的专家系统

根据专家系统的工作机理和结构,可以分为基于规则的专家系统、基于框架的专家系统和基于模型的专家系统。基于规则的专家系统是知识工程师构建专家系统最常用的方式,本书就是采用基于规则的专家系统实现燃煤的分仓储存。

## 4.2.1 基于规则的专家系统的特点

基于规则的专家系统具有以下优点。

(1)自然表达

对于许多问题,人类用 IF-THEN 类型的语句自然地表达他们求解问题的知识。这种易于以规则形式捕获知识的优点让基于规则的方法对专家系统设计来说更具吸引力。

(2)控制与知识分离

基于规则的专家系统将知识库中包含的知识与推理机的控制相分离。这个特征不是仅对基于规则的专家系统唯一,而是所有专家系统的标志。这个有价值的特点允许分别改变专家系统的知识或控制。

(3)知识模块性

规则是独立的知识块。它从 IF 部分中已建立的事实逻辑地提取 THEN 部分中问题有关的事实。由于它是独立的知识块,所以易于检查和纠错。

(4)易于扩展

专家系统知识与控制的分离便于添加专家系统的知识所能合理解释的规则。只要坚守所选软件的语法规定来确保规则间的逻辑关系,就可在知识库的任何地方添加新规则。

(5)智能成比例增长

规则甚至可以是一个有价值的知识块。它能从已建立的证据中告诉专家系统一些有关问题的新信息。当规则数目增大时,对于此问题专家系统的智能级别也类似地增加。这种情形就像年轻小孩获取更多的世界知识,并使用这些知识来更聪明地解决未来的问题一样。

（6）相关知识的使用

专家系统只使用和问题相关的规则。基于规则的专家系统可能具有提出大量问题议题的大量规则。但专家系统能在已发现的信息基础上决定使用哪些规则来解决当前问题。这种情形又像小孩一样可能知道大量的世界话题,但只使用对当前问题重要的知识。

（7）从严格语法获取解释

因为问题求解模型与工作存储器中的各种事实相匹配的规则,所以基于规则的专家系统具有决定如何将信息放入工作存储器的能力。往往由于依据其他事实规则,工作存储器中可能已经放置了信息,所以这时可以跟踪所用的规则来推断出所需要的信息。这种能力允许专家系统解释诸如"如何得到……的推荐?"的问题。

（8）一致性检查

规则的严格结构允许专家系统进行一致性检查,来确保相同的情况不会做出不同的行为。如考虑下面两个规则:

IF　容器中有酸　THEN　不要喝里面的东西

IF　容器中有酸　THEN　喝里面的东西

许多专家系统能够利用规则的严格结构自动检查规则的一致性,并警告开发者可能存在的冲突。对于这个例子的情况,应该是不会出现的。

（9）启发性知识的使用

人类专家的典型优点就是他们在使用"拇指法则"或者启发性知识方面特别熟练,可帮助他们高效地解决问题。这些启发性知识是经验提炼的"贸易窍门",对他们来说这些启发性知识比课堂上学到的基本原理更重要。可以编写一般情况的启发性规则,来得出结论或者高效地控制知识库的搜索。

（10）不确定知识的使用

对许多问题而言,可用信息将仅仅建立一些议题的信任级别,而不是完全确定地断言。规则易于写成要求不确定关系的形式。例如,给定以下语句,可以编写捕获这个语句中的不确定性的规则。

"如果天好像要下雨了,那么我可能应该带伞。"

IF　天看上去要下雨了

THEN　带伞　CF　80

这个规则表示单词"可能"通过称为不确定因子(certainty factor,CF)的数字表达不确定性。在这种方式下专家系统可以建立规则结论的信任级别。

(11) 可以合用变量

规则可以使用变量改进专家系统的效率。这些可以限制为工作存储器中的许多实例,并通过规则测试。例如:

IF　? Student GPA is adequate

THEN　? Student can graduate

这个规则首先扫描工作存储器中的所有事实,来寻找预定的匹配。例如,鲍勃同学的 GPA 是足够的,那么在工作存储器中断言:鲍勃可以毕业了。一般而言,使用变量能够编写适用于大量相似对象的一般规则。

### 4.2.2 基于规则的专家系统的工作模型和结构

基于规则的专家系统是个计算机程序,该程序使用一套包含在知识库内的规则对工作存储器内的具体问题信息进行处理,通过推理机推断出新的信息。其工作模型如图 4-1 所示。

图 4-1　基于规则的工作模型

一个基于规则的专家系统采用下列模块来建立产生式系统的模型。

(1) 知识库

以一套规则建立人的长期存储器模型。

(2) 工作存储器

建立人的短期存储器模型,存放问题事实和由规则激发而推断出的新事实。

（3）推理机

借助于把存放在工作存储器内的问题事实和存放在知识库内的规则结合起来，建立人的推理模型，以推断出新的信息。推理机作为产生式系统模型的推理模块，把事实与规则的先决条件进行比较，看看哪条规则能够被激活。通过这些激活规则，推理机把结论放入工作存储器，并进行处理，直到再没有其他规则的先决条件能与工作存储器内的事实相匹配为止。

基于规则的专家系统不需要一个人类问题求解的精确匹配，而能够通过计算机提供一个复制问题求解的合理模型。

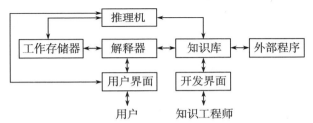

图 4-2　基于规则的专家系统的结构

一个基于规则的专家系统的完整结构见图 4-2，其中，知识库、推理机和工作存储器是构成该专家系统的核心。其他组成部分或子系统如下。

（4）用户界面（接口）

用户通过该界面来观察系统，并与系统对话（交互）。

（5）开发界面

知识工程师通过该界面对专家系统进行开发。

（6）解释器

对系统的推理提供解释。

（7）外部程序

数据库、扩展盘和算法等外部程序对专家系统的工作起支持作用。它们应便于为专家系统所访问和使用。

# 4.3 实际案例分析

### 4.3.1 电厂分仓储煤专家系统的功能

电厂分仓储煤专家系统具有以下功能：

① 依据燃煤的各项化验指标数据计算出燃煤的综合聚类系数，并判定燃煤所属灰类；

② 依据燃煤的分类情况自动实现燃煤的分仓储存；

③ 实现自动保护，防止筒仓料位过高或过低，以免影响正常生产。

### 4.3.2 电厂分仓储煤专家系统的实现方案

电厂分仓储煤专家系统的设计方案如图 4-3 所示[22,23]。

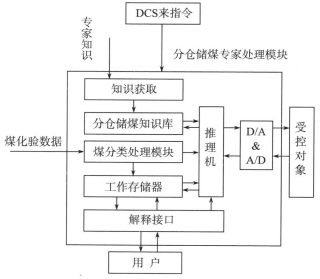

图 4-3　专家系统的实现方案

煤分类处理模块是一组用高级语言编写的灰色综合聚类分析法的程序。输入热值、挥发分、硫分、灰分和单价五项指标，煤分类处理模块计算出该煤的综合聚类系数，依据储存在工作存储器内的综合聚类系数分类取值范围，得出该种煤的类别。

工作存储器内容包括：进煤的化验数据（发热量、灰分、挥发分、硫分、价格）；分类程序的中间结果以及综合聚类系数；各个筒仓料位的测量值和实时状态（高、低、正常）；有关规则当中所有用到的事实、证据、假设和目标等各种数据项。

分仓储煤知识库中的储煤规则用产生式规则表示，即 IF（控制局势）THEN（操作结论）。实现的功能主要有：根据分类处理模块计算出的综合聚类系数判断煤的种类和所属的筒仓；当任一筒仓的煤量达到高限时，符合此筒仓条件的来煤自动转存到综合聚类系数相近的筒仓内；判断筒仓储煤量是否达到高限或低限，从而禁止上煤或出煤；当前有 4 个筒仓储煤量高时禁止上煤。

推理机选用知识库中的有关规则，依据煤分类处理模块和存储器中提供的用户的信息做出决策，经过算法模块直接控制各个筒仓的进煤量。

### 4.3.3 电厂分仓储煤规则

依据燃煤的综合聚类系数，用产生式规则解决了燃煤的分仓问题。

（1）储煤规则

| | | | |
|---|---|---|---|
| IF | 当前有 4 个筒仓料位高 | | |
| THEN | 拒绝上煤 | | |
| IF | 综合聚类系数 $\omega > 1$ | AND | 综合聚类系数 $\omega < 1.8$ |
| THEN | 计划存储在 #1 筒仓 | | |
| IF | 综合聚类系数 $\omega > 1.8$ | AND | 综合聚类系数 $\omega < 2.6$ |
| THEN | 计划存储在 #2 筒仓 | | |
| IF | 综合聚类系数 $\omega > 2.6$ | AND | 综合聚类系数 $\omega < 3.4$ |
| THEN | 计划存储在 #3 筒仓 | | |
| IF | 综合聚类系数 $\omega > 3.4$ | AND | 综合聚类系数 $\omega < 4.2$ |
| THEN | 计划存储在 #4 筒仓 | | |
| IF | 综合聚类系数 $\omega > 4.2$ | AND | 综合聚类系数 $\omega < 5.0$ |
| THEN | 计划存储在 #5 筒仓 | | |
| IF | 计划存储在 #1 筒仓 | AND | #1 筒仓料位不高 |
| THEN | 存储在 #1 筒仓 | | |

| IF | 计划存储在♯2 筒仓 | AND | ♯2 筒仓料位不高 |
|---|---|---|---|
| THEN | 存储在♯2 筒仓 | | |
| IF | 计划存储在♯3 筒仓 | AND | ♯3 筒仓料位不高 |
| THEN | 存储在♯3 筒仓 | | |
| IF | 计划存储在♯4 筒仓 | AND | ♯4 筒仓料位不高 |
| THEN | 存储在♯4 筒仓 | | |
| IF | 计划存储在♯5 筒仓 | AND | ♯5 筒仓料位不高 |
| THEN | 存储在♯5 筒仓 | | |
| IF | 计划存储在♯1 筒仓 | | |
| AND | ♯1 筒仓料位高 | | |
| AND | ♯2 筒仓料位不高 | | |
| THEN | 存储在♯2 筒仓 | | |
| IF | 计划存储在♯2 筒仓 | | |
| AND | ♯2 筒仓料位高 | | |
| AND | 综合聚类系数 $\omega \leqslant 2.2$ | | |
| AND | ♯1 筒仓料位不高 | | |
| THEN | 存储在♯1 筒仓 | | |
| IF | 计划存储在♯2 筒仓 | | |
| AND | ♯2 筒仓料位高 | | |
| AND | 综合聚类系数 $\omega > 2.2$ | | |
| AND | ♯3 筒仓料位不高 | | |
| THEN | 存储在♯3 筒仓 | | |
| IF | 计划存储在♯3 筒仓 | | |
| AND | ♯3 筒仓料位高 | | |
| AND | 综合聚类系数 $\omega \leqslant 3.0$ | | |
| AND | ♯2 筒仓料位不高 | | |
| THEN | 存储在♯2 筒仓 | | |

| IF | 计划存储在♯3筒仓 |
| --- | --- |
| AND | ♯3筒仓料位高 |
| AND | 综合聚类系数 $\omega>3.0$ |
| AND | ♯4筒仓料位不高 |
| THEN | 存储在♯4筒仓 |
| IF | 计划存储在♯4筒仓 |
| AND | ♯4筒仓料位高 |
| AND | 综合聚类系数 $\omega\leqslant3.8$ |
| AND | ♯3筒仓料位不高 |
| THEN | 存储在♯3筒仓 |
| IF | 计划存储在♯4筒仓 |
| AND | ♯4筒仓料位高 |
| AND | 综合聚类系数 $\omega>3.8$ |
| AND | ♯5筒仓料位不高 |
| THEN | 存储在♯5筒仓 |
| IF | 计划存储在♯5筒仓 |
| AND | ♯5筒仓料位高 |
| AND | ♯4筒仓料位不高 |
| THEN | 存储在♯4筒仓 |
| IF | 计划存储在♯1筒仓 |
| AND | ♯1筒仓料位高 |
| AND | ♯2筒仓料位高 |
| THEN | 存储在当前料位最低的筒仓内 |
| IF | 计划存储在♯2筒仓 |
| AND | ♯2筒仓料位高 |
| AND | 综合聚类系数 $\omega\leqslant2.2$ |
| AND | ♯1筒仓料位高 |

| | |
|---|---|
| THEN | 存储在当前料位最低的筒仓内 |
| IF | 计划存储在♯2筒仓 |
| AND | ♯2筒仓料位高 |
| AND | 综合聚类系数 $\omega > 2.2$ |
| AND | ♯3筒仓料位高 |
| THEN | 存储在当前料位最低的筒仓内 |
| IF | 计划存储在♯3筒仓 |
| AND | ♯3筒仓料位高 |
| AND | 综合聚类系数 $\omega \leqslant 3.0$ |
| AND | ♯2筒仓料位高 |
| THEN | 存储在当前料位最低的筒仓内 |
| IF | 计划存储在♯3筒仓 |
| AND | ♯3筒仓料位高 |
| AND | 综合聚类系数 $\omega > 3.0$ |
| AND | ♯4筒仓料位高 |
| THEN | 存储在当前料位最低的筒仓内 |
| IF | 计划存储在♯4筒仓 |
| AND | ♯4筒仓料位高 |
| AND | 综合聚类系数 $\omega \leqslant 3.8$ |
| AND | ♯3筒仓料位高 |
| THEN | 存储在当前料位最低的筒仓内 |
| IF | 计划存储在♯4筒仓 |
| AND | ♯4筒仓料位高 |
| AND | 综合聚类系数 $\omega > 3.8$ |
| AND | ♯5筒仓料位高 |
| THEN | 存储在当前料位最低的筒仓内 |
| IF | 计划存储在♯5筒仓 |

AND　　　♯5筒仓料位高

AND　　　♯4筒仓料位高

THEN　　存储在当前料位最低的筒仓内

（2）筒仓料位状态的判别规则

IF　筒仓料位测量值＞MAX2　THEN　筒仓料位高

IF　筒仓料位测量值＜MAX1　THEN　筒仓料位不高

IF　筒仓料位测量值＜MIN　　THEN　　筒仓料位低

IF　此筒仓料位测量值均小于其余4个筒仓料位测量值

THEN　　此筒仓料位当前最低

# 4.4 本章小结

本章介绍了专家系统和基于规则的专家系统的一般知识,并采用基于规则的专家系统设计了专家系统的储煤方案,实现了燃煤的分仓储存,实例分析表明了该方法的有效性。

# 第五章
# 煤质参数的预测

　　长期以来受计算技术、实验条件以及数学建模等方面原因的限制,国内外的优化配煤模型都认为混煤的质量指标与单煤之间具有很好的线性可加性,采用加权平均法和经验公式法对混煤的煤质参数进行预测。

　　研究表明,混煤与单煤的煤质数据之间实际上是一种非线性映射关系,不能简单地用加权平均或线性关系来描述,而神经网络技术在实现非线性映射、函数逼近方面极为有效,因而本书用神经网络来建立混煤煤质特性的预测模型。

## 5.1 BP 神经网络

　　BP 算法本质上是以网络误差平方和为目标函数,按梯度法(gradient approaches)求其目标函数(objective function)达到最小值的算法。BP 算法的基本思想是,学习过程由信号的正向传播和误差的反向传播两个过程组成,正向传播时,输入样本从输入层传入,经各隐层逐层处理后,传向输出层;若输出层的实际输出与期望的输出(教师信号)不符,则转入误差的反向传播阶段[24,25]。误差反传是将输出误差以某种形式通过隐含层向输入层逐层反传,并将误差分摊给各层的所有单元,从而获得各层单元的误差信号,此误差信号即作为修正各单元权值的依据。这种信号正向传播与误差反向传播的各层次权值调整过程,是周而复始地进行的。权值不断调整的过程,也就是网络的学习训练过程。此过程一直进行到网络输出的误差减少到可接受的程度,或进行到预先设定的学习次数为止。

## 5.1.1 BP 网络算法描述

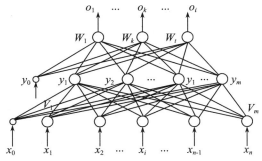

图 5-1　三层 BP 神经网络

$x=(x_1,x_2,\cdots,x_i,\cdots x_n)^{\mathrm{T}}$ 是输入向量，$y=(y_1,y_2,\cdots,y_j,\cdots,y_m)^{\mathrm{T}}$ 是隐含层输出向量，$o=(o_1,o_2,\cdots,o_k,\cdots,o_l)^{\mathrm{T}}$ 是输出层输出向量，$d=(d_1,d_2,\cdots,d_k,\cdots,d_l)^{\mathrm{T}}$ 是期望输出向量，$v=(v_1,v_2,\cdots,v_j,\cdots,v_m)$ 是输入层到隐含层之间的权值矩阵，$w=(w_1,w_2,\cdots,w_k,\cdots,w_t)$ 是隐含层到输出层之间的权值矩阵。

（1）各层信号之间的数学关系

对于输出层，有

$$o_k=f(net_k) \qquad k=1,2,\cdots,l \qquad (5-1)$$

$$net_k=\sum_{j=0}^{m}w_{jk}y_j \qquad k=1,2,\cdots,l \qquad (5-2)$$

对于隐含层，有

$$y_j=f(net_j) \qquad j=1,2,\cdots,m \qquad (5-3)$$

$$net_j=\sum_{i=0}^{n}v_{ij}x_i \qquad j=1,2,\cdots,m \qquad (5-4)$$

5-1 和 5-3 两式中，传输函数 $f(x)$ 均为单极性 sigmoid 函数：

$$f(x)=\frac{1}{1+e^{-x}} \qquad (5-5)$$

$f(x)$ 具有连续、可导的特点，且有

$$f'(x)=f(x)[1-f(x)] \qquad (5-6)$$

根据应用需要，也可以采用双极性 sigmoid 函数（或双曲正切函数）：

$$f(x)=\frac{1-e^{-x}}{1+e^{-x}} \qquad (5-7)$$

（2）网络误差与权值调整公式

当网络输出与期望输出不等时，存在输出误差 $E$，定义如下：

$$E = \frac{1}{2}(d-o)^2 = \frac{1}{2}\sum_{k=1}^{l}(d_k - o_k)^2 \tag{5-8}$$

将以上误差定义式展开至隐含层，有

$$E = \frac{1}{2}\sum_{k=1}^{l}\left[d_k - f(net_k)\right]^2 = \frac{1}{2}\sum_{k=1}^{l}\left[d_k - f\left(\sum_{j=0}^{m}w_{jk}y_j\right)\right]^2 \tag{5-9}$$

展开至输入层，有

$$E = \frac{1}{2}\sum_{k=1}^{l}\left\{d_k - f\left[\sum_{j=0}^{m}w_{jk}f(net_j)\right]\right\}^2 = \frac{1}{2}\sum_{k=1}^{l}\left\{d_k - f\left[\sum_{j=0}^{m}w_{jk}f\left(\sum_{i=0}^{n}v_{ij}x_i\right)\right]\right\}^2 \tag{5-10}$$

由上式可以看出，网络输入误差是各层权值 $w_{jk}$，$v_{ij}$ 的函数，因此调整权值可改变误差 $E$。

显然，调整权值的原则是使误差不断地减小，因此，应使权值的调整量与误差的梯度下降成正比，即

$$\Delta w_{jk} = -\eta\frac{\partial E}{\partial w_{jk}} \quad j=0,1,2,\cdots,m; \quad k=1,2,\cdots,l \tag{5-11}$$

$$\Delta v_{ij} = -\eta\frac{\partial E}{\partial v_{ij}} \quad i=0,1,2,\cdots,n; \quad j=1,2,\cdots,m \tag{5-12}$$

式中负号表示梯度下降，常数 $\eta\in(0,1)$ 是学习速率。

标准 BP 学习算法权值调整计算公式为

$$\Delta w_{jk} = \eta\delta_k^o y_j = \eta(d_k - o_k)o_k(1-o_k)y_j \tag{5-13}$$

$$\Delta v_{ij} = \eta\delta_j^y x_i = \eta\left(\sum_{k=1}^{l}\delta_k^o w_{jk}\right)y_j(1-y_j)x_i \tag{5-14}$$

$$\delta_k^o = (d_k - o_k)o_k(1-o_k) \tag{5-15}$$

$$\delta_j^y = \left(\sum_{k=1}^{l}\delta_k^o w_{jk}\right)y_i(1-y_i) \tag{5-16}$$

### 5.1.2 BP 网络的主要能力

多层感知器是目前应用最多的神经网络,这主要归结于基于 BP 算法的多层感知器具有以下重要能力。

（1）非线性映射能力

多层感知器能学习和存储大量输入-输出模式映射关系,而无须事先了解描述这种映射关系的数学方程。只要能提供足够多的样本模式对 BP 网络进行学习训练,它便能完成由 $n$ 维输入空间到 $m$ 维输出空间的非线性映射。在工程上及许多技术领域中经常遇到这样的问题:对某输入-输出系统已经积累了大量相关的输入-输出数据,但对其内部蕴含的规律仍未掌握,因此无法用数学方法来描述该规律。这一类问题的共同特点是:① 难以得到解析解;② 缺乏专家经验;③ 能够表示和转化为模式识别或非线性映射问题。对于这类问题,多层感知器具有无可比拟的优势。

（2）泛化能力

基于 BP 算法的多层感知器训练后将所提取的样本队中的非线性映射关系存储在权值矩阵中,在其后的工作阶段,当向网络输入训练中未曾见过的非线性数据时,网络也能完成由输入空间向输出空间的正确映射。这种能力称为多层感知器的泛化能力,它是衡量多层感知器性能优劣的一个重要方面。

（3）容错能力

基于 BP 算法的多层感知器的魅力还在于,允许输入样本中带有较大的误差甚至个别错误。因为对权矩阵的调整过程也是从大量的样本中提取统计特性的过程,反映正确规律的知识来自全体样本,个别样本中的误差不能左右对权矩阵的调整。

### 5.1.3 BP 算法的不足

标准的 BP 算法在实际应用中主要暴露出以下两点缺陷:

① 训练次数多使得学习效率低,收敛速度慢;

② 误差曲面的多极小点,易使训练陷入局部极小而得不到全局最优。因此对标准的 BP 算法做以下两点改进[25,26]。

### 5.1.4 BP 算法的改进

① 增加动量项。标准 BP 算法在调整权值时,只按 $t$ 时刻误差的梯度方向调整,而没有考虑 $t$ 时刻以前的梯度方向,从而常使训练过程发生振荡,收敛缓慢。为了提高网络的训练速度,可以在权值调整公式中增加一动量项。若用 $W$ 代表某层权矩阵, $X$ 代表某层输入向量,则含有动量项的权值调整向量表达式为 $\Delta W(t) = \eta \delta X + \alpha \Delta W(t-1)$ 。可以看出增加动量项即从前一次权值调整量中取出一部分叠加到本次权值调整量中, $\alpha$ 称为动量系数,一般有 $\alpha \in (0,1)$ 。动量项反映了以前积累的调整经验,对于 $t$ 时刻的调整起阻尼作用。当误差曲面出现骤然起伏时,可减小振荡趋势,提高训练速度。

增加动量项后 BP 学习算法权值调整计算公式变为

$$\Delta w_{jk}(t) = \eta \delta_k^o y_j + \alpha \Delta w_{jk}(t-1) = \eta(d_k - o_k)o_k(1 - o_k)y_j + \alpha \Delta w_{jk}(t-1)$$

$$(5\text{-}17)$$

$$\Delta v_{ij}(t) = \eta \delta_j^y x_i + \alpha \Delta v_{ij}(t-1) = \eta \left[ \sum_{k=1}^{l} \delta_k^o w_{jk}(t) \right] y_j(1 - y_j)x_i + \alpha \Delta v_{ij}(t-1)$$

$$(5\text{-}18)$$

② 自适应调节学习率。学习率 $\eta$ 也称为步长,在标准的 BP 算法中定为常数,然而在实际应用中,很难确定一个从始至终都合适的最佳学习率。从误差曲面可以看出,在平坦区域内 $\eta$ 太小会使训练次数增加,因而希望增大 $\eta$ 值;而在误差变化剧烈的区域, $\eta$ 太大会因调整量过大而跨过较窄的"坑凹"处,使训练出现振荡,反而使迭代次数增加。为了加速收敛过程,应该自适应改变学习率,使其该大时增大,该小时减小。

自适应调整学习率的梯度下降算法在训练的过程中,力图使算法稳定,而同时使学习的步长尽量地大,学习率则是根据局部误差曲面做出相应的调整。当误差以减小的方式趋于目标时,说明修正方向正确,可使步长增加,因此,学习率乘以增量因子 $k_{inc}$ ,使学习率增加;而当误差增加超过事先设定值时,说明修正过量,应减小步长,因此,学习率乘以减量因子 $k_{dec}$ ,使学习率减小,同时舍去使误差增加的前一步修正过程,即

$$\eta(k) = \begin{cases} k_{inc}\eta(k-1) & E(k) < E(k-1) \\ k_{dec}\eta(k-1) & E(k) > E(k-1) \end{cases} \tag{5-19}$$

### 5.1.5 BP 算法的计算步骤

（1）初始化

对权值矩阵 $W$、$V$ 赋较小的随机数。

（2）提供训练集

给定输入向量 $X = (x_1, x_2, \cdots, x_n)$ 和期望的目标输出向量 $d = (d_1, d_2, \cdots, d_1)$。

（3）计算实际输出

按式 5-1、式 5-3 计算隐含层、输出层各神经元输出。

（4）计算网络输出误差

设共有 $P$ 对训练样本，网络对于不同的样本具有不同的误差 $E^p = \sqrt{\sum_{k=1}^{l}(d_k^p - o_k^p)^2}$，可将全部样本输出误差的平方 $(E^p)^2$ 进行累加再开方，作为总输出误差，也可用诸误差中的最大者 $E_{max}$ 代表网络的总输出误差，实际应用中更多采用均方根误差 $E_{RME} = \sqrt{\frac{1}{p}\sum_{p-1}^{p}(E^p)^2}$ 作为网络的总误差。

（5）计算各层误差信号

应用式 5-15 和式 5-16 计算 $\delta_k^o$ 和 $\delta_j^y$。

（6）调整各层权值

应用式 5-17 和式 5-18 计算 $w$,$v$ 中各分量。

（7）检查网络总误差是否达到精度要求

是，则结束；否，则应用式 5-19 调整学习率，然后转至步骤（2）。

### 5.1.6 BP 网络参数的确定

（1）网络结构的确定

误差反向传播神经网络，简称 BP 网络，是一种单向传播的多层前向网络。1989 年 Funabashi，Arai 和 Hecht-Nielson 分别证明了三层前向网络能任意逼近紧集上的连续函数和平方可积函数。只有当学习不连续函数（如锯齿波等）时，才需要两个隐层。在设计时，一般先考虑设一个隐层，当一个隐层的隐节点数很多仍不能改善网络性能时，才考虑再增加一个隐层。

隐含层节点个数的选择没有明确的规则用以指导。隐含层节点若选得过多，则训练所得的网络推广能力较差；若节点过少，又难以使网络的误差降低到一个合适的数值。本书隐含层节点的个数是通过数值试验确定的。

（2）节点激励函数的确定

BP 网络的传输函数通常采用 sigmoid 函数：$f(x) = \dfrac{1}{1 + \mathrm{e}^{-x}}$。

sigmoid 函数是一种连续的神经元模型，其网络输出可以逼近一个连续函数。输入输出特性常用指数、对数（logsig）或双曲正切（tansig）等 S 型函数表示，它反映的是神经元的饱和特性。sigmoid 函数的优点是它使同一网络既能处理大信号，也能处理小信号，这类似于生物神经元在输入信号变化范围很大的情况下仍能正常工作；另外，其倒数容易计算：$S(X) = S(X)[1 - S(X)]$。但是，如果 BP 网络的最后一层是 sigmoid 函数，那么整个网络的输出就限制在一个较小的范围内（0~1 之间的连续量）；如果 BP 网络的最后一层是线性传输函数（pureline），那么整个网络的输出可以取任意值。

（3）学习精度的确定

网络所学正是训练集合所教。如果合理选择训练集合，并且训练算法有效，那么网络应能对不属于训练集合的输入量正确分类，这个现象有时称为退广。学习精度的确定是 BP 神经网络应用中最重要的问题之一，因为它直接关系到训练网络的推广能力。若训练精度选得过高，则很容易造成网络的过拟合，从而使网络的推广能力很差。若网络的训练精度过低，则达不到拟合的要求。本书根据各项参数的实际要求确定网络精度。

（4）初始权值的设计

网络权值的初始化决定了网络的训练从误差曲面的哪一点开始，因此初始化方法的准确选用对缩短网络的训练时间至关重要。神经元的变换函数都是关于零点对称的,如果每个节点的净输入均在零点附近,则其输出均处在变换函数的中点。这个位置不仅远离变换函数的两个饱和区,而且是其变化最灵敏的区域,必然使网络的学习速度较快。为了使各节点的初始净输入在零点附近,有两种办法可以采用。一种办法是使初始权值足够小,另一种办法是,使初始值为+1和-1的权值数相等。应用中对隐层权值可采用第一种办法,而对输出层可采用第二种办法。

# 5.2 加权平均法

任意选定 $n$ 种煤,将他们按比例 $x_1, x_2, \cdots, x_n$ 混合得到混煤 $P$,对于混煤 $P$ 的煤化验参数 $A$,则有

$$A_P = x_1 A_1 + x_2 A_2 + \cdots + x_n A_n, x_1 + x_2 + \cdots + x_n = 1 \quad (5\text{-}20)$$

# 5.3 实际案例分析

本书采用 BP 神经网络技术对混煤的各项煤质参数进行预测。

某厂共 5 个筒仓,允许 3 个筒仓参与配煤,即从 5 种煤中选取 3 种进行配比, $n=3$,故神经网络的结构为 6 输入 1 输出。搜集了 200 组数据作为神经网络的训练样本,10 组数据作为神经网络模型的检验样本。

每项指标都采用 $2n$($n$ 为掺配的煤种数)输入 1 输出的三层神经元网络,而 4 个网络模型的隐含层神经元个数各不相同,以热值预测为例的 $n=3$ 种煤的神经元网络结构如图 5-2 所示。输入 $Q1, Q2, Q3$ 分别为 3 种样本煤的热值,$P1, P2,$ $P3$ 分别为 3 种样本煤的配比,输出 $Y$ 为混煤的网络预测热值。

神经网络的 200 组训练样本见附表 1,10 组检验样本中单煤的煤样数据见表 5-1,混煤的煤样数据见表 5-2。

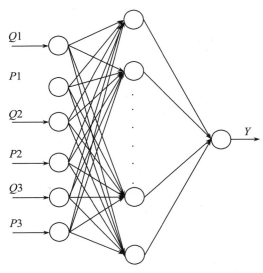

输入层　　　　隐含层　　　　输出层

图 5-2　BP 神经网络结构

表 5-1　单煤煤样数据

| 序号 | 煤样 | 热值（MJ/kg） | 挥发分（%） | 硫分（%） | 灰分（%） |
|---|---|---|---|---|---|
| 1 | 神华 | 28.684 | 30.73 | 0.26 | 5.81 |
| 2 | 林西洗末 | 25.418 | 18.40 | 1.24 | 26.64 |
| 3 | 永城 | 15.220 | 21.89 | 1.22 | 48.69 |
| 4 | 山优 | 30.176 | 25.38 | 0.36 | 7.93 |
| 5 | 荆各庄 | 20.404 | 27.78 | 0.34 | 32.34 |
| 6 | 鑫源 | 20.161 | 25.79 | 0.83 | 35.86 |
| 7 | 柳江曹山矿 | 17.907 | 7.22 | 0.30 | 41.90 |
| 8 | 乡优 | 28.058 | 27.71 | 0.51 | 13.64 |
| 9 | 大优 | 29.773 | 29.22 | 0.45 | 7.47 |
| 10 | 榆林 | 28.332 | 29.66 | 0.28 | 6.80 |

表 5-2　混煤煤样数据

| | 热值（MJ/kg） | | 挥发分（%） | | 硫分（%） | | 灰分（%） | |
|---|---|---|---|---|---|---|---|---|
| | 实际值 | 平均值 | 实际值 | 平均值 | 实际值 | 平均值 | 实际值 | 平均值 |
| 神华 29 林西 35 永城 36 | 24.708 | 22.694 | 20.57 | 23.23 | 0.89 | 0.95 | 28.15 | 28.54 |
| 山优 30 神华 10 永城 60 | 20.790 | 21.053 | 21.53 | 23.82 | 0.98 | 0.87 | 30.86 | 32.17 |
| 山优 37 荆各庄 10 鑫源 53 | 25.094 | 23.891 | 25.21 | 25.84 | 0.62 | 0.61 | 22.34 | 25.17 |
| 神华 33 林西 47 柳江 20 | 24.209 | 24.994 | 19.12 | 20.23 | 0.72 | 0.73 | 21.83 | 22.82 |
| 山优 24 神华 10 荆各庄 66 | 23.515 | 23.577 | 27.97 | 27.50 | 0.32 | 0.34 | 21.24 | 23.83 |
| 山优 31 乡优 10 鑫源 59 | 24.202 | 24.055 | 23.41 | 25.85 | 0.71 | 0.65 | 21.94 | 24.98 |
| 大优 10 山优 23 荆各庄 67 | 22.381 | 23.588 | 28.77 | 27.37 | 0.37 | 0.36 | 22.01 | 24.24 |
| 山优 30 榆林 10 永城 60 | 20.284 | 21.018 | 21.79 | 23.71 | 0.94 | 0.87 | 30.12 | 32.27 |
| 山优 25 乡优 10 荆各庄 65 | 23.058 | 23.612 | 23.90 | 27.17 | 0.37 | 0.36 | 26.45 | 24.37 |
| 榆林 32 林西 28 鑫源 40 | 25.021 | 24.248 | 26.54 | 24.54 | 0.68 | 0.77 | 25.26 | 23.98 |

## 5.3.1 混煤热值预测

　　混煤热值预测的网络误差性能曲线如图 5-3 所示，10 个检验样本的预测结果如图 5-4 所示，"o"表示神经网络的预测值，"＊"表示实际化验的数据。检验样本的网络预测值、加权平均值和平均误差如表 5-3 所示。

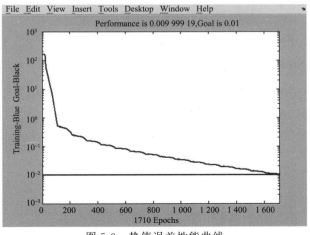

图 5-3　热值误差性能曲线

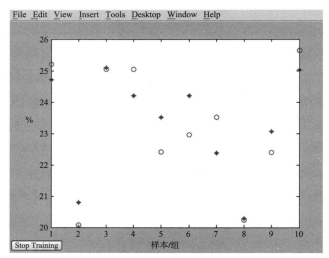

图 5-4　热值检验样本预测结果

**表 5-3　热值预测值与误差**

|  | 1 | 2 | 3 | 4 | 5 | 6 | 7 | 8 | 9 | 10 | 平均误差 |
|---|---|---|---|---|---|---|---|---|---|---|---|
| 网络预测 | 25.195 | 20.075 | 25.035 | 25.045 | 22.415 | 22.965 | 23.514 | 20.24 | 22.402 | 25.633 | 2.946% |
| 加权平均 | 22.694 | 21.053 | 23.891 | 24.994 | 23.577 | 24.055 | 23.588 | 21.018 | 23.612 | 25.021 | 3.28% |

### 5.3.2 混煤挥发分预测

混煤挥发分预测的网络误差性能曲线如图 5-5 所示,10 个检验样本的预测结果如图 5-6 所示,"o"表示神经网络的预测值,"＊"表示实际化验的数据。检验样本的网络预测值、加权平均值和平均误差如表 5-4 所示。

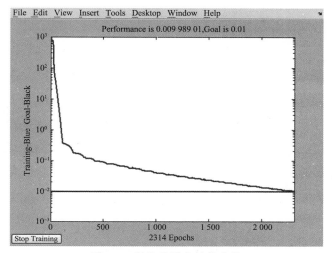

图 5-5　挥发分误差性能曲线

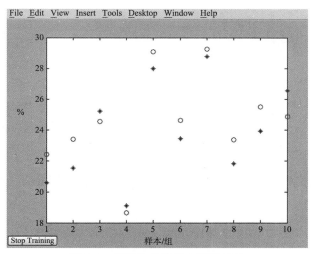

图 5-6　挥发分检验样本预测结果

表 5-4　挥发分预测值与误差

| | 1 | 2 | 3 | 4 | 5 | 6 | 7 | 8 | 9 | 10 | 平均误差 |
|---|---|---|---|---|---|---|---|---|---|---|---|
| 网络预测 | 22.397 | 23.398 | 24.531 | 18.633 | 29.085 | 24.61 | 29.259 | 23.366 | 25.505 | 24.856 | 5.39% |
| 加权平均 | 23.23 | 23.82 | 25.84 | 20.23 | 27.50 | 25.85 | 27.37 | 23.71 | 27.17 | 24.54 | 7.88% |

### 5.3.3 混煤硫分预测

混煤硫分预测的网络误差性能曲线如图 5-7 所示,10 个检验样本的预测结果如图 5-8 所示,"o"表示神经网络的预测值," * "表示实际化验的数据。检验样本的网络预测值、加权平均值和平均误差如表 5-5 所示。

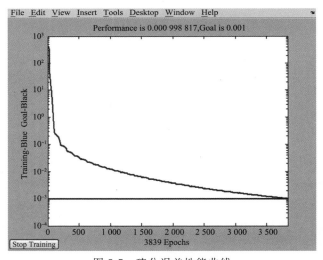

图 5-7　硫分误差性能曲线

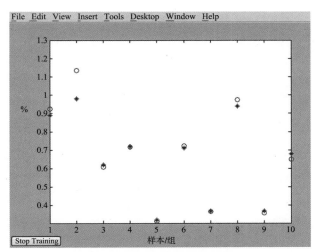

图 5-8　硫分检验样本预测结果

**表 5-5　硫分预测值与误差**

| | 1 | 2 | 3 | 4 | 5 | 6 | 7 | 8 | 9 | 10 | 平均误差 |
|---|---|---|---|---|---|---|---|---|---|---|---|
| 网络预测 | 0.924 7 | 0.135 2 | 0.609 4 | 0.716 4 | 0.309 2 | 0.723 2 | 0.364 8 | 0.974 5 | 0.357 2 | 0.648 3 | 4.04% |
| 加权平均 | 0.95 | 0.87 | 0.61 | 0.73 | 0.34 | 0.65 | 0.36 | 0.87 | 0.36 | 0.77 | 6.18% |

### 5.3.4 混煤灰分预测

混煤硫分预测的网络误差性能曲线如图 5-9 所示,10 个检验样本的预测结果如图 5-10 所示,"o"表示神经网络的预测值,"＊"表示实际化验的数据。检验样本的网络预测值、加权平均值和平均误差如表 5-6 所示。

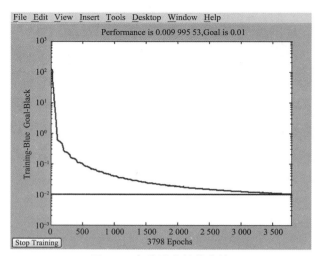

图 5-9　灰分误差性能曲线

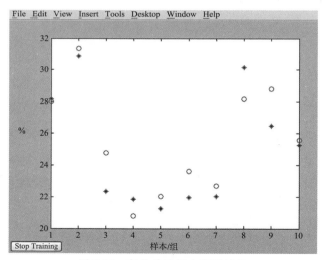

图 5-10　灰分检验样本预测结果

表 5-6　灰分预测值与误差

| | 1 | 2 | 3 | 4 | 5 | 6 | 7 | 8 | 9 | 10 | 平均误差 |
|---|---|---|---|---|---|---|---|---|---|---|---|
| 网络预测 | 27.991 | 31.338 | 24.743 | 20.793 | 22.003 | 23.582 | 22.669 | 28.155 | 28.807 | 25.564 | 4.83% |
| 加权平均 | 28.54 | 32.17 | 25.17 | 22.82 | 23.83 | 24.98 | 24.24 | 32.27 | 24.37 | 23.98 | 7.91% |

# 5.4 本章小结

　　本章主要介绍了 BP 神经网络的基本知识,针对 BP 算法在实际应用中暴露出的两点不足:① 易陷入局部最小,而得不到全局最优;② 训练次数多,收敛速度慢,学习效率低。采用增加动量项和自适应调节学习率两种方法对标准的 BP 算法加以改进。将改进后的 BP 算法,应用于混煤的煤质参数预测。实际案例仿真表明神经网络的预测结果远优于加权平均法的预测结果。

# 第六章
# 配煤模型的求解

近几年来,遗传算法在复杂优化问题求解和工业工程领域应用方面,取得了一些令人信服的成果,引起了很多人的关注。所以本书采用遗传算法解决火电厂配煤的优化问题。

# 6.1 遗传算法综述

### 6.1.1 遗传算法的产生和发展

遗传算法(Genetic Algorithm,简称 GA)是一种模拟生物在自然环境中的遗传和进化过程的自适应全局优化概率搜索算法。1962 年,美国 Michigan 大学的 John Holland 提出了监控程序(Supervisory Programs)的概念,即利用群体进化模拟适应性系统的思想。1967 年,Holland 的学生 J. D. Bagley 首次在其博士论文中提到"Genetic Algorithm"这一词,发展了复制、交叉、变异、显性、倒位等遗传算子,在个体编码上使用了双倍体的编码方法。1975 年,Holland 出版了专著《自然与人工系统中的适应性行为》,该书系统地阐述了遗传算法的基本理论和方法,提出了模式理论(Schema Theory),首次确认了选择、交叉和变异等遗传算子,以及遗传算法的隐并行性。1975 年,De. Jong 把模式定理和自己的计算结果成功地结合在一起,首次将遗传算法用于函数优化问题。之后,Smith 在 1980 年首次提出使用变长位串的概念。Goldberg,Davis,Grefenstette,Bauer,Srinivas 等大批研究人员对遗传算法理论的基本框架和遗传算子进行了构建和改进。随着遗传算法的研究和应用的不断深入发展,1985 年,在美国卡耐基·梅隆大学召开了第一届遗传算法国际会议(International Conference Genetic Algorithm,ICGA),这次会议是遗传算法发展的重要里程碑,此后会议每隔一年举行一次。

现在遗传算法已经成为一个多学科、多领域的重要研究方向,由于其简单、通用、鲁棒性强、不依赖于问题模型的优点,适合并行分布处理。在模式识别、神经网络、图像处理、机器学习、工业优化控制、自适应控制、生物科学、社会科学等领域都得到了应用。

## 6.1.2 遗传算法的特点

遗传算法是一类随机化的搜索方法,但它不是简单的随机比较搜索,而是通过对染色体的评价和染色体中基因的作用,有效地利用已有信息来指导搜索,有希望改善优化质量的状态,因此它不同于常规的随机化方法。同常规的优化算法相比,遗传算法有以下特点:

① 遗传算法是对参数的编码进行操作,而非对参数本身;

② 遗传算法是从许多点开始并行操作,而非局限于一点,因而可以有效防止搜索过程收敛于局部最优解;

③ 遗传算法通过目标函数来计算适配值,而不需要其他推导和附加信息,从而对问题的依赖性较小;

④ 遗传算法的寻优规则是由概率决定的,而非确定性的;

⑤ 遗传算法在解空间进行高效启发式搜索,而非盲目地穷举或完全随机搜索;

⑥ 遗传算法对于待寻优的函数基本无限制,它既不要求函数连续也不要求函数可微,既可以是数学解析所表达的显函数,也可以是映射矩阵甚至是神经网络等隐函数,因而应用范围较广;

⑦ 遗传算法具有并行计算的特点,因而可以通过大规模并行计算来提高计算速度;

⑧ 遗传算法更适合大规模复杂问题的优化;

⑨ 遗传算法计算简单,功能强。

### 6.1.3 遗传算法的基本原理

本小节主要讨论遗传算法的实现所涉及的六个主要因素：参数编码、初始群体的设定、适应度函数的设计、遗传操作、算法控制参数和约束条件的处理[27]。

（1）编码

编码是应用遗传算法时要解决的首要问题，也是设计遗传算法时的一个关键步骤。在遗传算法中，把一个问题的可行解从其解空间转换到遗传算法所能处理的搜索空间的转换方法称为编码。而由遗传算法解空间向问题空间的转换称为解码。编码的方法除了决定个体的基因排列形式，还决定了解码的方法，同时也影响交叉、变异等遗传操作的运算方法。因此，编码方法在很大程度上决定了遗传算法的进化效率。

二进制编码是遗传算法中最主要的一种编码方法，但是对于一些多维、高精度要求的复杂优化问题，二进制编码存在明显的缺陷。首先，二进制编码不易处理码长和映射误差之间的矛盾；其次，二进制编码不利于反映所求问题的特定知识，也就不便于开发针对问题专门知识的遗传算子，也不便于处理非平凡约束条件。为了克服二进制编码方法的缺点，人们提出了个体的十进制编码。

所谓十进制编码，即实数编码方法，是指个体的每个基因值用某一范围内的一个实数来表示，个体的编码长度等于其决策变量的个数。因为这种编码方法使用的是决策变量的真实值，所以实数编码方法也叫作真值编码方法。

采用十进制编码，通常需要针对十进制的特点，引入一些遗传算子。在实数编码方法中，必须保证基因值在给定的区间限制范围内，遗传算法中所使用的交叉、变异等遗传算子也必须保证其运算结果在给定的区间限制范围内。再者，当用多个字节来表示一个基因值时，交叉运算必须在两个基因的分界字节处进行，而不能在某个基因的中间字节分隔处进行。

实数编码方法有下面几个优点：

① 适合于在遗传算法中表示范围较大的数；

② 适合于精度要求较高的遗传算法；

③ 便于较大空间的遗传搜索；

④ 改善了遗传算法的计算复杂性,提高了运算效率;

⑤ 便于遗传算法与经典优化方法的混合使用;

⑥ 便于设计针对问题的专门知识的知识型遗传算子;

⑦ 便于处理复杂的决策变量约束条件。

遗传算法中进化过程是建立在编码机制基础上的,编码对于算法的性能如搜索能力和种群多样性等影响很大。就二进制编码和实数编码比较而言,一般二进制编码比实数编码搜索能力强,但实数编码在变异操作上比二进制编码能够保持更好的种群多样性和稳定性。

(2) 初始群体的设定

遗传算法针对群体操作,在进化开始时必须有一个由若干初始解组成的初始群体。初始群体中的个体一般是随机产生的,在不具有关于解空间的先验知识的情况下,在解空间均匀采样,随机生成一定数目(群体大小的 2 倍)的个体,从中挑选出较好的个体构成初始群体。

(3) 适应度函数的设计

在遗传算法中,对个体生存能力的大小是通过个体的适应度来描述的,适应度就是对问题目标的符合程度。越符合求解目标的个体,其适应度越大,否则,适应度就越小。适应度较高的个体遗传到下一代的概率就较大,而适应度较低的个体遗传到下一代的概率就相对小一些。度量个体适应度的函数称为适应度函数(Fitness Function)。

① 适应度函数设计主要满足的条件。

a. 单值、连续、非负、最大化。这个条件很容易理解和实现。

b. 合理、一致性。要求适应度值反映对应解的优劣程度。

c. 计算量小。适应度函数设计应尽可能简单,这样可以减少时间和空间上的复杂性,降低计算成本。

d. 通用性强。适应度对某类问题,应尽可能通用,最好无须使用者改变适应度函数中的参数。

② 求适应度函数的几种基本方法。

由解空间中某一点的目标函数值 $f(x)$ 到搜索空间中对应个体的适应度函数值 $Fit(f(x))$ 的转换方法基本上有以下三种。

a. 直接以待求的目标函数 $f(x)$ 转化为其适应度函数 $Fit(f(x))$，即

$$Fit(f(x)) = \begin{cases} f(x) & \text{目标函数为最大化问题} \\ -f(x) & \text{目标函数为最小化问题} \end{cases} \tag{6-1}$$

这种适应度函数简单直观，但实际应用时，存在以下两个问题：第一，不满足常用的赌盘选择的非负要求；第二，某些待求解函数的函数值可能彼此相差悬殊，由此得到的平均适应度，可能不利于体现群体的平均性能，将影响算法的效果。

b. 对于求最小值的问题，做下列转换：

$$Fit(f(x)) = \begin{cases} c_{max} - f(x) & f(x) < c_{max} \\ 0 & \text{其他} \end{cases} \tag{6-2}$$

式中，$c_{max}$ 为一个适当的相对比较大的数，是 $f(x)$ 的最大估计值，可以是一个合适的输入值。

对于求最大值的问题，做下列转换：

$$Fit(f(x)) = \begin{cases} f(x) + c_{min} & f(x) > c_{min} \\ 0 & \text{其他} \end{cases} \tag{6-3}$$

式中，$c_{min}$ 为 $f(x)$ 的最小值估计，可以是一个合适的输入值。

这种方法是第一种方法的改进，可以成为"界限构造法"，但这种方法有时存在界限值预先估计困难、不可能精确的问题。

c. 若目标函数为最小值问题，令

$$Fit(f(x)) = \frac{1}{1+c+f(x)}, c \geq 0, c+f(x) \geq 0 \tag{6-4}$$

若目标函数为最大值问题，令

$$Fit(f(x)) = \frac{1}{1+c-f(x)}, c \geq 0, c-f(x) \geq 0 \tag{6-5}$$

这种方法与第二种方法类似，$c$ 为目标函数界限的保守估计值。

（4）遗传算子

标准遗传算法的操作算子包括选择（selection）、交叉（crossover）和变异（mutation）三种基本形式。

① 选择。

选择操作是确定如何从父代群体中按某种方法选取适应度大的个体遗传到子代群体中的遗传运算，其目的是避免基因缺失，提高全局收敛性和计算效率。

常用的选择算子有以下五种。

a. 比例选择，又叫轮盘赌选择。该方法中个体被选中的概率和其适应度值的大小成正比。缺点是选择概率大的个体具有较高的复制数口，形成"顶端优势"，从而使得算法收敛速度较快，容易出现过早收敛，即"早熟"现象。另外，这种选择方法的选择误差比较大，有时甚至连适应度高的个体也选不上。

b. 最佳个体保存方法。该方法的思想是把群体中适应度最高的个体不进行配对交叉而直接复制到下一代中，当然，这样做的前提是下一代中不存在该个体，而是用它来替代本代群体中经过交叉和变异操作所产生的适应度最低的个体。采用这种选择方法的优点是，进化过程中某一代的最优解可不被交叉或变异操作破坏。但是，这也隐含了一种危机，即局部最优个体的遗传基因会急速增加而使进化有可能陷于局部解。也就是说，该方法的全局搜索能力差。它适合单峰性质的优化问题的空间搜索，而不适于多峰性质的空间搜索。所以，该方法一般都与其他选择方法结合使用。

c. 排序选择方法。排序选择方法在计算出每个个体适应度后，根据适应度大小在群体中对个体排序，然后把事先设计好的概率表按序分配给个体，作为各自的选择概率。所有个体按适应度大小排序，因而选择概率和适应度无直接关系，仅与序号有关。这种方法的不足之处在于选择概率和序号的关系需事先确定。此外，它和适应度比例方法一样都是基于概率的选择，所以仍有统计误差。

d. 联赛选择方法。类似体育中的比赛制度。从群体中任意选择一定数目的个体（称为联赛规模），其中适应度最高的个体保存到下一代。这一过程反复执行，直到保存到下一代的个体数达到预先设定的数目为止。联赛规模一般取2。

e. 随机竞争选择法。随机竞争选择与轮盘赌选择基本一样。在随机竞争选择中,每次按轮盘赌选择机制选取一对个体,然后让这两个个体进行竞争,适应度高的被选中,如此反复,直到选满为止。

② 交叉。

交叉操作是对两个相互配对的个体按某种方式相互交换其部分基因,从而形成两个新的个体。在遗传算法中,交叉的作用非常重要。一方面,它使得原来群体中优良个体的特性能够在一定程度上保持;另一方面,它使得算法能够不断探索新的基因空间,产生新的个体,从而使群体中的个体具有多样性。

常用的交叉算子有以下5种。

a. 一点交叉,是最简单的一种交叉算子:随机选择两个染色体,再随机产生串中某一位置,以此位置为界交换该位置后的子串。

b. 两点交叉,是指在个体编码串中随机设置两个交叉点,然后进行部分基因交换。一点交叉算子有局限性,例如,它不能把串中某些特征组合结合在一起。考虑如下两个串:11010011 和 01011100,其中,划线位表示高适应模式 1＊＊＊＊＊1 和＊＊0＊＊1＊＊,则无论交叉选在什么位置,第一个模式都将被破坏。二点交叉可以解决上述问题。它的操作是随机产生两个截断点,然后交换两个染色体的中间段。若截断点在位置3和6,则针对上述串的两点交叉为

| | 双亲 | | 后代 |
|---|---|---|---|
| $x_1$ | 110-01-011 | $x_1$ | 11011011 |
| $x_2$ | 010-11-100 | $x_2$ | 01001100 |

可见两个高模式特征在子代中都被完整地保存下来。

c. 多点交叉,多点交叉是上述两种交叉方法的推广。多点交叉有时又被称为广义交叉。若用参数 $c$ 表示交叉数,则当 $c=1$ 时,广义交叉就是单点交叉。$c=2$ 时,广义交叉就是两点交叉。一般来说,多点交叉不经常被采用。这是因为当基因链码的长度 $n$ 较小,或交叉点数 $c$ 较大时,即使这种模式的阶和定义矩较小,具有优良特性的模式也很容易被破坏。另外,通常情况下,出于计算速度的考虑,基因链码的长度 $n$ 不会很大。

d. 均匀交叉（也称一致交叉），是指两个配对个体的每个基因座上的基因都以相同的交叉概率进行交换。

e. 算数交叉（arithmetic crossover），是指由两个个体线性组合而产生出两个新的个体。为了能够进行线性组合运算，算数交叉的操作对象一般是由十进制编码所表示的个体。假设在两个个体 $X'_A$，$X'_B$ 之间进行算术交叉，则交叉运算后所产生的两个新个体为

$$
\begin{cases}
X_A^{t+1} = \alpha X_B^t + (1-\alpha) X_A^t \\
X_B^{t+1} = \alpha X_A^t + (1-\alpha) X_B^t
\end{cases}
\tag{6-6}
$$

其中，$\alpha$ 为一个参数，$\alpha$ 可以是一个常数（此时所进行的交叉运算称为均匀算术交叉），$\alpha$ 也可以是一个由进化代数所决定的变量（此时所进行的交叉运算称为非均匀算术交叉）。

③ 变异。

变异算子也是遗传算法中的一个重要遗传算子。它作用于单个串，以很小的概率随机改变一个串位的值。在 GA 中引入突然变异算子的目的有二：一是使算法具有局部随机搜索能力，二是增加群体多样性，避免出现初期收敛问题。

常用的变异算子有以下四种。

a. 基本位变异（simple mutation），是指以变异概率 $p_m$ 对个体编码串中随机指定的某一位或某几位基因座上的基因值做变异运算。基本位变异是变异的基础，由于它改变的只是个别基因座上的基因，并且变异发生的概率较小，因此发挥作用较慢，作用效果也不明显。

b. 均匀变异（uniform mutation），是指分别用符合某一范围内均匀分布的随机数，以某一较小的概率来替换个体编码串中各个基因座上的原有基因值。均匀变异特别适合遗传算法的初期运行阶段，它使得搜索点可以在整个搜索空间内自由移动，从而改善群体的多样性，使算法处理更多的模式。

c. 边界变异（boundary mutation），是上述均匀变异操作的一个变形操作，在进行边界变异操作时，随机地取基因座的两个对应边界基因值之一去替代原有基因值。当变量的取值范围特别宽，并且无其他约束条件时，边界变异会带来不好

的作用,但它特别适用于最优点位于或接近于可行解得边界时的一类问题。

d. 非均匀变异(non-uniform mutation),为了克服均匀变异不利于对某一重点区域进行局部搜索的缺点,在变异时不取均匀分布的随机值去替代原有的基因值,而是对原有的基因值做一随机扰动。非均匀变异可使遗传算法在初期运行阶段进行均匀随机搜索,而在后期运行阶段进行局部搜索,使搜索过程更加集中在某一最优希望的重点区域中。

(5)控制参数选择

遗传算法中的控制参数选择非常关键,控制参数的不同选取会对遗传算法的性能产生较大的影响,影响整个算法的收敛性。这些参数包括群体规模 $N$、编码长度、交叉概率 $p_c$、变异概率 $p_m$ 等。一般建议群体规模 $N$ 可以根据实际情况在 $10\sim200$ 之间选定,交叉概率 $p_c$ 取值范围是 $0.4\sim0.99$,变异概率 $p_m$ 的取值范围是 $0.000\ 1\sim0.1$。当然这些参数的选择与问题的类型有直接的关系,不存在一组适合所有问题的最佳参数值,如何设定遗传算法的参数以使算法性能得到改善,还需要结合实际问题深入研究。

(6)约束条件的处理

在遗传算法中必须对约束条件(constraints)进行处理,根据具体问题可选择下列三种方法,即搜索空间限定法、可行解变换法和罚函数法。

① 搜索空间限定法。

其基本思想是对遗传算法的搜索空间的大小加以限制,使得搜索空间中表示一个个体的点与解空间中的表示一个可行解的点有一一对应的关系。在使用搜索空间限定法时必须保证交叉、变异之后的新个体在解空间中有对应解。

② 可行解变换法。

其基本思想是在由个体基因型到个体表现型的变换中,增加使其满足约束条件的处理过程,即寻找个体基因型与个体表现型的多对一变换关系,扩大了搜索空间,使进化过程中所产生的个体总能通过这个变换转化成解空间中满足约束条件的一个可行解。可行解变换法对个体的变码方法、交叉运算、变异运算等无特殊要求,但运行效率下降。

③ 罚函数法。

其基本思想是对在解空间中无对应可行解的个体计算其适应度时，处以一个罚函数，从而降低该个体的适应度，使该个体被遗传到下一代群体中的概率减小。可以用下式对个体的适应度进行调整：

$$F'(x) = \begin{cases} F(x) & x \text{ 满足约束条件} \\ F(x) - P(x) & x \text{ 不满足约束条件} \end{cases} \tag{6-8}$$

$F'(x)$ 为调整后的新适应度，$F(x)$ 为原适应度，$P(x)$ 为罚函数。

如何确定合理的罚函数是这种处理方法的难点，在考虑罚函数时，既要度量解对约束条件不满足的程度，又要考虑计算效率。

### 6.1.4 Pareto 最优解的定义

本小节介绍多目标优化中最优解和 Pareto 最优解（Pareto optimal solution）的定义。

**定义 6.1**　设 $X \subseteq R^m$ 是多目标优化模型的约束集，$f(x) \in R^n$ 是多目标优化时的向量目标函数，有 $x_1 \in X$，$x_2 \in X$。若

$$f_k(x_1) \leqslant f_k(x_2), \forall k = 1, 2, \cdots, n \tag{6-9}$$

$$\text{并且 } f_k(x_1) \leqslant f_k(x_2), \exists k = 1, 2, \cdots, n \tag{6-10}$$

则称解 $x_1$ 比解 $x_2$ 优越。

**定义 6.2**　设 $X \subseteq R^m$ 是多目标优化模型的约束集，$f(x) \in R^n$ 是多目标优化时的向量目标函数，若有解 $x_1 \in X$，并且 $x_1$ 比 $X$ 中的所有其他解都优越，则称解 $x_1$ 是多目标优化模型的最优解。

由定义 6.2 可知，解 $x_1$ 使得所有的 $f(x_i)(i = 1, 2, \cdots, n)$ 都达到最优（如图 6-1 所示）。但实际应用中一般不存在这样的解。

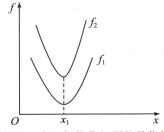

图 6-1　多目标优化问题的最优解

**定义 6.3** 设 $X\subseteq R^m$ 是多目标优化模型的约束集, $f(x)\in R^n$ 是多目标优化时的向量目标函数, 若有解 $x_1\in X$, 并且不存在比 $x_1$ 更优越的解 $x$, 则称 $x_1$ 是多目标最优化模型的 Pareto 最优解。

由定义 6.3 可知, 多目标优化问题的 Pareto 最优解只是问题的一个可以接受的"非劣解", 并且多目标优化实际问题都存在多个 Pareto 最优解, 如图 6-2 所示。

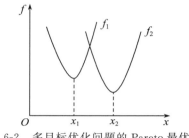

图 6-2　多目标优化问题的 Pareto 最优解

# 6.2 遗传算法在实际配煤模型中的应用

本章内容将遗传算法应用于实际配煤模型的目的就是要找到一组符合实际生产情况的优化配煤问题的 Pareto 最优解。

## 6.2.1 电厂配煤问题的遗传算法模型

用遗传算法求解式 2-1 中描述的火电厂优化配煤问题, 实质上是遗传算法在高维空间中寻优的过程。火电厂优化配煤问题的遗传算法模型描述如下。

假设电厂共有 $m$ 个筒仓, 当前参与配煤的有 $n$ 个筒仓; 采用十进制编码, $x=\{x_1, x_2, \cdots, x_n\}$ 表示群体中的一个个体, 其中 $x_i (i=1,2,\cdots,n)$ 表示编号为 $i$ 的筒仓中的取煤量百分比; 适应度函数为 $F(x)=\sum_{i=1}^{n} C_i X_i$, 其中, $C_i$ 表示编号为 $i$ 的筒仓中煤的单价, 优化的目的即 $\min\{F(x)\}$; $N, T, p_c, p_m$ 分别表示群体大小、进化终止代数、交叉和变异概率等。

### 6.2.2 遗传算法的不足与改进

遗传算法作为一种优化方法,在实际应用中也存在一定的局限性:编码不规范及编码存在表示的不准确性;单一的遗传算法编码不能全面地将优化问题的约束表示出来。考虑约束的一个方法就是对不可行解采用阈值,这样计算的时间又必然增加。另外,目前尚无处理各种约束条件的一般方法,罚函数法虽然是处理多约束问题的有效方法,但是如何确定合理的罚函数是这种处理方法的难点之所在,在考虑罚函数时,既要度量解对约束条件不满足的程度,又要考虑计算效率。因此,在实际应用中对遗传算法做以下两点改进。

(1)在随机产生种群时加入边界约束

由于模型的求解结果是各种煤的参配百分比,实际生产当中对应的是相应每个筒仓的取煤量,因而模型所求的结果必须大于取煤机械运转一次所取的煤量,另外,在实际生产当中 $n$ 个筒仓的取煤量也不宜相差过大。单一的遗传算法编码不能将这类隐含的约束表示出来,为此,采用对不可行解加以阈值限制的方法解决该问题,初始种群只随机产生 $n-1$ 组数据 $X_1,X_2,\cdots,X_{n-1}$,取值范围为$[a,b]$,阈值 $a$ 与 $b$ 的值依据实际的生产过程和 $n$ 值的大小具体而定,另外一组数据由 $X_n=100\%-X_1-X_2-\cdots-X_{n-1}$ 求得,这样也保证了 $X_1+X_2+\cdots+X_n=100\%$ 这一约束条件。

(2)约束函数的处理

火电厂优化配煤问题是多约束条件下的寻优问题,罚函数法是处理约束条件的有效方法。但是,如何确定合理的罚函数是这种处理方法的难点之所在,在考虑选择罚函数时,既要度量解对约束条件不满足的程度,将不可行解与可行解有效地区分开来,又要考虑计算效率。

热值、挥发分、硫分、灰分四个约束条件,对应着四个神经网络预测模型,在遗传算法的运行过程中需要反复调用这四个模型。考虑到计算效率,将四个已训练好的模型定义成四个函数供遗传算法反复调用,并且给这四个约束依据它们取值的大小分别确定了不同的罚因子。当个体不满足约束条件时,就被惩以相应的罚因子,从而降低不满足约束条件个体的适应度。如果个体不满足一个约束条件,那就只惩以一个罚因子,如果四个约束条件都不满足,那就分别惩以四个罚因子。

由于直接以待解的目标函数 $f(x)$ 作为适应度函数 $Fit(f(x))$,因此,作为罚因子的 $p(x)$,其值必须与目标函数 $f(x)$ 的值数量级相当,才能将个体的适应度区别开来。

配煤模型中目标函数值是混煤的单价,数量级为 $10^2$,那么惩罚因子的数量级为 $10^1$,就可以将个体的适应度区别开来。本文中选择个体煤质参数预测结果本身作为其罚因子,热值以及挥发分、灰分在去掉百分号后其数量级满足要求,适当放大即可,硫分在去掉百分号后放大 100 倍才能满足要求,即:

$$当 Q < Q_A 时,p(x) = Q * 100 * 2 \tag{6-11}$$

$$当 V < V_A 时,p(x) = V * 100 * 2 \tag{6-12}$$

$$当 A > A_A 时,p(x) = A * 100 * 2 \tag{6-13}$$

$$当 S > S_A 时,p(x) = S * 100 * 100 \tag{6-14}$$

### 6.2.3 改进遗传算法的步骤

改进遗传算法的步骤如下,流程如图 6-3 所示。

① 随机生成初始种群:$n-1$ 组取值在区间 $[a,b]$ 中的数据 $x_1, x_2, \cdots, x_{n-1}$。

② 计算求得 $x_n$,$x_n = 100\% - x_1 - \cdots - x_{n-1}$。

③ 确定适应度函数,并计算函数值,个体按照适应度值大小排序。

④ 判断个体是否满足约束条件。如满足,进行下一步;如不满足就对其适应度值惩以相应的罚因子,从而降低该个体的遗传概率。

⑤ 对种群进行选择、交叉、变异操作。

⑥ 对变异后生成的种群再进行检验,是否满足条件 $x_1 + x_2 + \cdots + x_n = 100\%$。

⑦ 如满足,则进行下一步;如不满足,则重新生成个体,替换不满足条件的个体。

⑧ 判断是否满足结束条件,如果是,则结束,否则转到步骤④。

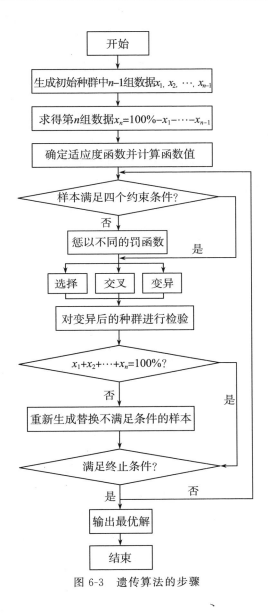

图 6-3 遗传算法的步骤

# 6.3 实际案例仿真

　　某厂共 5 个筒仓,允许 3 个筒仓参与配煤,即从 5 种煤中选取 3 种进行配比,这样的方式共有 $C_5^3=10$ 种,因此需要求 10 个模型函数的最优解,然后再从这 10 个最优解中选取一个最佳的配比方案。当前 5 个筒仓煤的单价分别为:♯1 仓 260 元,♯2 仓 280 元,♯3 仓 255 元,♯4 仓 265 元,♯5 仓 290 元。

　　遗传算法求解时,初始种群只随机产生 2 组数据 $X_1$,$X_2$,取值范围为[15%,45%],$X_3=100\%-X_1-X_2$。配煤模型当中的 $Q_A$,$V_A$,$A_A$ 和 $S_A$ 分别取分类后第一等煤的各项参数的数值:24%,37%,13%,0.4%。

　　用 MATLAB 编程计算求得的 10 个模型函数的最优解结果如表 6-1,仿真结果如图 6-4。从 5 个筒仓内每次选取 3 个的组合共有 10 种,横坐标表示这 10 种组合的个数,纵坐标表示煤的单价。配煤方案的最终结果如图 6-5 所示。

表 6-1　模型函数的寻优结果

| 百分比方案 \ 取煤量 | ♯1 仓 | ♯2 仓 | ♯3 仓 | ♯4 仓 | ♯5 仓 | 混煤单价（单位:元） |
|---|---|---|---|---|---|---|
| 1 | 29.500 1 | 20.000 0 | 49.999 9 | | | 260.20 |
| 2 | 49.999 9 | 20.000 0 | | 29.500 1 | | 264.18 |
| 3 | 49.999 3 | 29.500 7 | | | 20.000 0 | 270.60 |
| 4 | 29.501 3 | | 49.998 7 | 20.000 0 | | 257.20 |
| 5 | 44.947 8 | | 44.938 9 | | 10.113 3 | 260.78 |
| 6 | 44.905 5 | | | 44.911 5 | 10.183 1 | 265.30 |
| 7 | | 20.000 1 | 49.975 2 | 29.524 8 | | 261.68 |
| 8 | | 29.534 6 | 49.965 4 | | 20.000 0 | 268.11 |
| 9 | | 29.500 1 | | 49.999 9 | 20.000 0 | 273.10 |
| 10 | | | 44.922 7 | 44.954 9 | 10.122 4 | 263.04 |

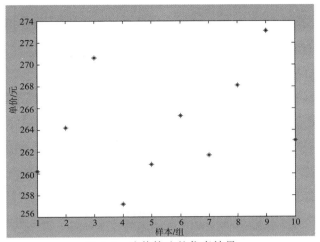

图 6-4　遗传算法的仿真结果

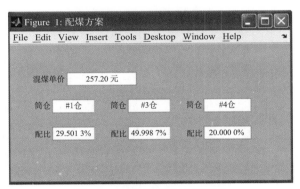

图 6-5　配煤系统的输出结果

# 6.4 本章小结

　　本章介绍了遗传算法的产生、发展、特点、基本原理、求解步骤以及在实际问题应用中存在的一些问题。通过对遗传算法加以改进，不仅保证了智能优化算法的快速性和局部搜索能力，而且有效地解决了多约束条件下的适应度选择问题，将改进的十进制编码的遗传算法成功应用于优化配煤问题，得到了符合电厂生产实际的解决方案。

# 第七章
# 总结与展望

## 7.1 总结

实现碳中和的目标不仅意味着颠覆性的能源革命,更意味着科技革命和经济转型。从能源系统的角度看,实现碳中和要求能源系统从工业革命以来建立的以化石能源(煤炭、石油、天然气)为主导的能源体系转变为以可再生能源为主导的能源体系,实现能源体系的净零排放甚至负排放(可再生能源+碳捕获与封存利用);从科技创新的角度看,实现碳中和不是单一的技术问题,需要多种学科、多种技术的交叉融合,很多知识还有待去发现、很多技术还有待去突破、很多应用还需不断地完善、很多的科技写作还需要去完成,特别是需要一些重大领域的科技突破;碳中和涵盖了所有的科技领域,不仅包含能源,还涉及交通、建筑、工业、农业、生物科技、信息通信技术、人工智能、金融体系等等;从经济转型角度看,碳排放涉及整个经济系统,碳中和刺激了所有企业、所有经济部门、所有经济个体的转型发展,是社会经济所有部门、所有个体共同发展、共同转型、共同协作的结果,任何掉队的个体未来不是被倒逼转型就是要被淘汰。所以,碳中和是人类发展历史进程的一次革命。

西方发达国家早已实现了工业化和城市化,碳排放已经达峰并进入下降通道,而我国碳排放还在增长。由于我国能源需求尚未达峰,工业用能占比很大,而且能源供给侧长期以煤电为主导,占比也很大,再加上地区和行业发展不平衡,很多的技术还有待突破,所以相比发达国家,我国实现碳中和面临的困难和挑战更多。也因此,在碳中和时期燃煤发电机组作为电网运行稳定和电力供应稳定的保障保留一定的规模是非常必要的。这也恰恰为燃煤发电机组的控制、管理带来了严峻的挑战。"智能发电"与"智能电网"、德国"工业 4.0"以及"中国制造 2025"的理念相似,是第四次工业革命大背景下发电技术的转型革命。随着互联网、物联网、大数据和云计算等科学技术的出现,智能发电技术是燃煤电厂在发电领域提升核心竞争力的重要手段。智慧电厂是智能发电技术和信息技术的高度融合。智慧电厂不仅以实现发电过程智能化为基础,还通过与发电上下游产业融合延伸,形成循环经济,提供更多的增值服务,提高能源和资源利用率,并以特有的消纳能力,承担更多环境保护和社会服务功能。从对社会服务的功能和贡献效益的最大化出发,燃煤智慧化电厂的建设是确保碳中和目标实现,适应新一轮能源转型的必由之路。

我国电力工业的市场化改革已进入实质性阶段,厂网分开已经完成,竞价上网将逐步完善,在能源转型以及市场竞争的环境下要求燃煤发电企业必须降低供电成本,提质增效、节能减排,增强市场竞争力。燃煤管理是火电厂节煤降耗的第一环节也是最关键的环节,更是实现智能发电、建设智慧电厂的基础。控制成本、提高经济效益应该是燃煤管理系统所应实现的主要目标。本书采用系统工程和智能控制理论,对电厂燃煤管理系统进行了研究,提出了一整套分类、分仓、优化配煤的燃煤管理控制方案,涉及价值权衡、灰色理论、专家系统、神经网络、优化技术等内容,实例分析证明了该方案的科学有效性,具有一定的工程意义和推广价值。总结如下。

① 采用两两比较法权衡各个燃煤分类指标之间的重要程度,确定它们的权重,最大限度地减小了人为确定指标权重的不准确性和主观性。决策者对多个属性的不同重要程度做比较,同时比较和判断的属性不能过多。实验证明,人的同时比较能力不能超过 7 个因素,而对于两个因素之间重要程度差异的比较,人完全能够胜任,因此对于多因素权重分析采用"两两比较法"有效地减弱了人为确定指标权重的不准确性和主观性。

② 对燃煤进行分类是实现优化配煤的基础,采用灰色综合聚类分析法不仅能把对象按照要求有效地分类,而且避免了当聚类系数无显著性差异时即无法判

断对象所属灰类的问题。

③ 采用神经网络可以非常好地拟合实际应用中希望产生的一些非线性的且没有明确的函数关系的输入输出曲线。单煤与混煤的煤质数据之间是一种非线性的映射关系,不能简单地用加权平均法或经验公式法来描述。BP 网络具有很强的非线性映射能力、泛化能力、容错能力,并且是目前应用最多的神经网络,本书采用 BP 网络对实际案例进行建模仿真,取得了很好的效果,混煤参数的预测精度较加权平均法也大有提高。

④ 针对 BP 算法在实际应用中暴露出的两点不足:一是易陷入局部最小,而得不到全局最优;二是训练次数多,收敛速度慢,学习效率低。采用增加动量项和自适应调节学习率两种方法对标准的 BP 算法加以改进。将改进后的 BP 算法,成功应用于混煤的煤质参数预测。

⑤ 约束条件的处理和罚函数的选择历来是多约束条件下寻优问题的难点,本书针对优化配煤的实际问题,对遗传算法加以改进,不仅保证了智能优化算法的快速性和局部搜索能力,而且有效地解决了多约束条件下的适应度选择问题。将改进后的遗传算法成功应用于火电厂配煤方案的求解,得到了符合多目标的问题的 Pareto 最优解。

# 7.2 展望

未来,随着碳达峰、碳中和目标的实现和能源改革的不断深入,以及新技术的不断涌现,对电厂燃煤管理系统的要求也会不断地提高,而且伴随着自动化水平的不断发展,更多的目标也终将会实现。本书从分类分仓储煤和优化配煤两个方面入手,对火电厂燃煤管理系统进行了研究,提出了一套适合电厂生产实际的燃煤分类分仓储存决策系统和优化配煤模型,但是本书的研究尚存在一些不足之处,今后的研究方向将完善以下几点。

① 从神经网络的函数逼近功能这个角度来分,神经网络可以分为全局逼近网络和局部逼近网络当神经网络的一个或多个可调参数(权值和阈值)对任何一

个输出都有影响,则称该神经网络为全局神经网络。对于每个输入输出数据对,全局逼近网络的每一个连接权均需进行调整,从而导致全局逼近网络学习速度较慢。BP 网络是全局逼近网络,在训练过程中需要对网络的所有权值和阈值进行修正,它的学习速度较慢。因而,为了进一步提高优化模型的实时性,需要对 BP 算法做进一步的改进,或者探索选用其他的混煤煤质参数的预测工具,以提高模型的学习速度。

② 由于受客观的生产实际情况所限,我们所求的优化配煤模型的解仅仅是一个可以接受的"非劣解"(Pareto 最优解)。一般的多目标优化实际问题都存在多个 Pareto 最优解。因此,在应用智能寻优算法的时候,不仅要保证智能优化算法的快速性和局部搜索能力,还应考虑如何使求得的解是所有的 Pareto 最优解当中的最优解,或者说如何使所求得的解更接近最优解。

③ 本书只是提出了分仓储煤的专家系统的实现方案,今后可以使用专家系统的开发工具,针对专门的燃煤管理系统的对象,研发出一套适合电厂在线运行的分类分仓储煤专家系统。

④ 燃煤管理系统软件开发问题。将 MATLAB 工具编写的程序生成动态链接文件(∗.dll),使 VC++能够方便地调用,这样使燃煤管理系统既有便于用户操作的界面,又发挥了 MATLAB 数学软件编程、调试方便的优点。

# 参考文献

[1] 北京绿色金融与可持续发展研究院 & 高瓴产业与创新研究院. 迈向 2060 碳中和——聚焦脱碳之路上的机遇和挑战[R]. 北京: 北京绿色金融与可持续发展研究院 & 高瓴产业与创新研究院, 2021.3.

[2] 全球能源互联网发展合作组织. 中国 2030 年前碳达峰研究报告[R]. 北京: 全球能源互联网发展合作组织, 2021.

[3] 赵春生, 杨君君, 王婧, 等. 燃煤发电行业低碳发展路径研究[J]. 发电技术, 2021, 42(5): 547-553.

[4] 郑徐光. 中国能源大数据报告（2020）: 电力篇（2）[EB/OL]. (2020-06-12) [2021-05-06]. https://news.bjx.com.cn/html/20200612/1080647 — 2. shtml.

[5] 朱法华, 王玉山, 徐振, 等. 中国电力行业碳达峰、碳中和的发展路径研究[J]. 电力科技与环保, 2021, 37(3): 9-16.

[6] 解振华, 保建坤, 李政, 等. 《中国长期低碳发展战略与转型路径研究》综合报告[J]. 中国人口资源与环境, 2020, 30(11): 1-25.

[7] 自然资源部. 中国矿产资源报告 2019[M]. 北京: 地质出版社, 2019.

[8] 黄波. 基于混沌优化的火电厂经济负荷分配[D]. 华北电力大学（北京）, 2006.

[9] 李学明, 窦文龙, 李志军, 刘吉臻. 电厂负荷优化分配的专家系统[J]. 动力工程, 2005(1): 84-87.

[10] 沈彬彬. 基于遗传算法的动力配煤优化模型的研究及其软件实现[D]. 浙江大学, 2004.

[11] 朱法华, 许月阳, 孙尊强, 等. 中国燃煤电厂超低排放和节能改造的实践与启示[J]. 中国电力, 2021, 54(4): 1-8.

[12] 刘吉臻, 胡勇, 曾德良, 等. 智能发电厂的架构及特征[J]. 中国电机工程学

报,2017,37(22):6463－6470＋6758.

[13] 刘吉臻.智能发电:第四次工业革命的大趋势[N].中国能源报,2016-07-25.

[14] 华志刚,郭荣,汪勇.燃煤智能发电的关键技术[J].中国电力,2018,51(10):
    8-16.

[15] 张洪源.火电机组锅炉燃烧优化研究[D].东南大学,2016.

[16] 周文新.智慧电厂与智能发电研究方向及关键技术[J].新型工业化,2020,
    10(8):107－108＋113.

[17] 邓聚龙.灰色系统理论教程[M].武汉:华中理工大学出版社,1992.

[18] 刘思峰,党耀国,方志耕,等.灰色系统理论及其应用[M].第3版.北京:科
    学出版社,2004.

[19] 肖新平,肖伟.灰色最优聚类理论模型及其应用[J].运筹与管理,1997(1):
    23-28.

[20] 许秀莉.灰色关联、聚类、预测的改进及应用[D].厦门大学,2001.

[21] 易继锴,侯媛彬.智能控制技术[M].北京:北京工业大学出版社,2007.

[22] 马增辉.火电厂燃煤管理系统智能控制的研究[D].华北电力大学(北京),
    2008.

[23] 潘润锋,马增辉,罗毅.电厂燃煤分类分仓控制系统研究[J].现代电力,2007
    (6):44-48.

[24] 周开利,康耀红.神经网络模型及其MATLAB仿真程序设计[M].北京:清
    华大学出版社,2005.

[25] 韩力群.人工神经网络教程[M].北京:北京邮电大学出版社,2006.

[26] 罗毅,马增辉.火电厂燃煤智能优化系统研究[J].现代电力,2008(1):67-72.

[27] 雷英杰,张善文,李续武,等.MATLAB遗传算法工具箱及应用[M].西安:
    西安电子科技大学出版社,2005.

# 后 记

考虑到我国的经济发展水平、资源禀赋、能源结构以及火力发电的技术特点、技术成熟度、经济性等，未来一段时期直至碳中和时，燃煤发电机组仍将保留相当的规模，仍然是我国电力稳定供应的基石。燃煤电站智慧化是实现碳达峰、碳中和亟待解决的问题，燃煤智能化管理是其中不容忽视的一环。

学无止境、知也无涯，落笔之际，愈发觉得还有许多未尽之处，很是惭愧。关于燃煤智能化管理还应该从以下几个方面做更深入的探讨。

首先，加强节能改造，进一步降低燃煤机组单位煤发电量的碳排放。

超低排放和碳捕集都属于烟气治理工程，不仅投资高昂，而且需要持续、客观的投入，如运行需要的电耗、物耗、水耗、维护等，难以一蹴而就，需要持续跟进。与超低排放、碳捕集等烟气治理工程不同，节能改造会带来明显的经济效益，而且节能对于二氧化碳减排的贡献也较大，因此在碳达峰、碳中和过程中燃煤机组应优先实施节能改造。

第二，基于大数据，加强燃煤信息互动，将燃煤智能管理协同到整个机组，甚至全厂的智慧化节能当中，实现全过程、一体化管控。

当前，对于火电机组的节能改造都是针对热力系统的。尤其对锅炉侧的改造，煤质是一个重要的决定因素，例如，锅炉精细化运行调整，基于强化燃烧的锅炉燃烧器改造，锅炉制粉系统改造，掺烧高挥发分煤质改造，以及等离子体、微油、富氧等助燃改造等。使得锅炉燃烧适应复杂多变的煤质，是诸多燃煤机组锅炉改造的思路。当然，燃煤信息也应该反馈到日常机组运行和锅炉燃烧控制当中，例如改进燃煤管理、完善优化配煤，尽可能地降低燃煤煤质的不确定性，也是确保锅炉燃烧效率、降低碳排放的途径之一。

第三，实现与非煤燃料的掺配、掺烧，进一步降低燃煤机组的碳排放。

实现煤与生物质、污泥、生活垃圾等混合掺烧，也是燃煤机组降低碳排放的有效途径之一。利用部分固体生物质燃料代替煤炭，可以显著降低原有燃煤机组的二氧化碳排放量,同时利用大容量、高参数燃煤发电机组发电效率高的优势,也可以大幅度提高生物质发电效率,节约生物质燃料资源。实现与生物质燃料掺烧只需要对已有的燃料管理系统、燃料制备系统和锅炉燃烧设备进行必要的改造,投资成本有限。另外,参与混烧的生物质燃料比例可调节范围较大(通常为5%~20%),调节的灵活性强,对生物质燃料供应链的波动性变化有很强的适应性。燃煤机组掺烧生物质燃料国内外均已有较成熟的案例。

第四,进一步降低燃煤管理过程本身的能耗和碳排放。

优化管理流程,科学规划和选择燃煤运输、储存方式,降低燃煤运输、储存、转运过程中的能耗和经济成本。防止燃煤在运输、存储过程中变质,如潮湿等,使得磨煤机等后续设备的出力增加,增加不必要的能耗。

感谢我的恩师国家发改委能源研究所开平安教授和华北电力大学控制与计算机工程学院罗毅教授。尤其感谢开老师为本书拨冗作序,这是我的荣幸,也为本书增色不少。

欢迎各位读者不吝赐教。

马增辉

2022 年 10 月 30 日